**Carsten K. Rath**

**30 Minuten**

# Freidenken für Führungskräfte

W0198280

Bibliografische Information der Deutschen Nationalbibliothek

Die Deutsche Nationalbibliothek verzeichnet diese Publikation in der Deutschen Nationalbibliografie; detaillierte bibliografische Daten sind im Internet über http://dnb.d-nb.de abrufbar.

Umschlaggestaltung: die imprimatur, Hainburg
Umschlagkonzept: Martin Zech Design, Bremen
Lektorat: Eva Gößwein, Berlin
Autorenfoto: Giorgio Balmelli, Zürich
Satz: Zerosoft, Timisoara (Rumänien)
Druck und Verarbeitung: Salzland Druck, Staßfurt

Hinweis:
Das Buch ist sorgfältig erarbeitet worden. Dennoch erfolgen alle Angaben ohne Gewähr. Weder Autor noch Verlag können für eventuelle Nachteile oder Schäden, die aus den im Buch gemachten Hinweisen resultieren, eine Haftung übernehmen.

Printed in Germany

ISBN 978-3-86936-808-5

# In 30 Minuten wissen Sie mehr!

Dieses Buch ist so konzipiert, dass Sie in kurzer Zeit prägnante und fundierte Informationen aufnehmen können. Mithilfe eines Leitsystems werden Sie durch das Buch geführt. Es erlaubt Ihnen, innerhalb Ihres persönlichen Zeitkontingents (von 10 bis 30 Minuten) das Wesentliche zu erfassen.

### Kurze Lesezeit
In 30 Minuten können Sie das ganze Buch lesen. Wenn Sie weniger Zeit haben, lesen Sie gezielt nur die Stellen, die für Sie wichtige Informationen beinhalten.

- Alle wichtigen Informationen sind blau gedruckt.

- Schlüsselfragen mit Seitenverweisen zu Beginn eines jeden Kapitels erlauben eine schnelle Orientierung: Sie blättern direkt auf die Seite, die Ihre Wissenslücke schließt.

- *Zahlreiche Zusammenfassungen innerhalb der Kapitel erlauben das schnelle Querlesen.*

- Ein Fast Reader am Ende des Buches fasst alle wichtigen Aspekte zusammen.

- Ein Register erleichtert das Nachschlagen.

# Inhalt

# Vorwort

Das Leadership der Zukunft ist durch permanenten Wandel geprägt. Es findet unter anderen Bedingungen statt als die Art der Führung, die die meisten von uns einmal gelernt haben (und noch immer lernen). Führungskräfte haben es schon heute mit anderen Mitarbeiter- und Kundenbedürfnissen zu tun, und dementsprechend ändern sich die Anforderungen an Führung grundlegend.

Die meisten Unternehmen sind jedoch noch von einem hohen Grad an Abhängigkeit geprägt und deshalb in ihren Führungsstrukturen erstarrt. Führung wird als System von Weisung und Kontrolle verstanden, und die Mitarbeiter sind es gewöhnt, so geführt zu werden.

Das hat gravierende Folgen auf beiden Seiten der Gleichung: Die Mitarbeiter neigen in einem solchen System dazu, Dienst nach Vorschrift zu machen. Eigenständiges, selbstbestimmtes Entscheiden und Handeln ist nicht gefragt und wird oft sogar sanktioniert. Die Motivation, sich im Geiste eines „Mitunternehmers" einzubringen, ist deshalb gering. Die Kreativität bleibt in der Schublade, der Wille zur Erneuerung sinkt von Jahr zu Jahr. Wertvolle persönliche Potenziale liegen brach, und die Bindung der Menschen an ihr Unternehmen ist gering.

Doch auch wir als Führungskräfte leiden nicht minder unter der abhängigkeitsgesteuerten Führung. Wir glauben, alles selbst entscheiden zu müssen, und sind im Kontrollwahn gefangen, der uns die Kapazitäten für unsere wichtigsten Aufgaben raubt, die da lauten: die Beziehungen zu Mitarbeitern und Kunden pflegen und Innovation vorantreiben.

Das alte, abhängigkeitsgesteuerte System von Führung wird den Ansprüchen der neuen Kunden und Mitarbeiter nicht gerecht. Es steht im Widerspruch zur Entwicklung der Arbeitswelt und der Märkte, die nicht zuletzt durch die Digitalisierung radikal im Umbruch sind. Die Zeit der Abhängigkeiten ist vorbei. Der Schlüssel zur Kundenbegeisterung, zur Mitarbeiterbindung und zum persönlichen Erfolg in dieser neuen Welt heißt: Freiheit. Zeitgemäße Führung beruht auf Vertrauen und Verantwortung.

Freiheit ist eine Haltung. Erst wenn wir lernen, neu zu denken, können wir neue Wege gehen. Ich nenne das: Freidenken. Im alltäglichen Führungsverhalten gibt es ganz konkrete Mechanismen und Maßnahmen, mit denen Sie als Führungskraft Ihre persönliche Freiheit vergrößern können – und die Ihrer Mitarbeiter.

Entscheidungsfreiheit, Handlungsfreiheit, Redefreiheit und Innovationsfreiheit sind die vier wichtigsten Anwendungsfelder des Freidenkens. In diesem Buch zeige ich Ihnen Wege auf, neue Spielräume auf diesen Feldern zu erschließen – für Ihren persönlichen Erfolg, für Ihre Mitarbeiter und für Ihr Unternehmen.

Warum den Sprung in die Freiheit wagen? Erst Freiheit macht uns zukunftsfähig. Nur als freie Führungskräfte können wir freie Menschen führen.

*Carsten K. Rath*

# Register

# 1. Entscheidungsfreiheit: Entscheidungsmacht verteilen

Führen heißt vor allem entscheiden. Entscheidungen sind die Momente im Arbeitsalltag, in denen wir scheitern oder Erfolg haben, wachsen oder stagnieren, äußerem Druck nachgeben oder mutig innovieren. Doch es gibt innere und äußere Begrenzungen, die es Führungskräften erschweren, eine Entscheidung zu treffen. Die äußeren Faktoren sind individuell sehr verschieden und oft nicht beeinflussbar. An den inneren Hemmnissen jedoch können wir arbeiten. Sie gehen meist auf ein antrainiertes Merkmal der abhängigkeitsgesteuerten Führung zurück: den Kontrollwahn. Wer diesen in den Griff bekommt, kann die Entscheidungsmacht neu verteilen. Das kommt allen Beteiligten zugute, den Führungskräften genauso wie den Mitarbeitern – und ganz besonders den Kunden. Der Charakter einer Entscheidungskultur im Zeichen der Freiheit lässt sich in einem Satz zusammenfassen: Es kommt auf die Entscheidungen an – nicht darauf, wer sie trifft.

# 1.1 Autonom entscheiden – und nicht zu viel

Der Freiheitsgrad der Führung lässt direkte Rückschlüsse auf die Erfolgsaussichten eines Unternehmens zu. Denn die Entscheidungsfreiheit ist ein Indikator dafür, wie gut ein Unternehmen auf veränderte Marktbedingungen und den Wandel der Kundenbedürfnisse reagieren kann. Wenn Entscheidungen schnell und unbürokratisch getroffen werden können, erhöht das die Leistungsfähigkeit und die Anpassungsfähigkeit des Unternehmens für den Kunden.

Viele Führungskräfte sind jedoch in einem Korsett der Bürokratie gefangen. Sie können wenig bis nichts autonom entscheiden und müssen jede Entscheidung konsensieren. Gleichzeitig tragen sie für jede Entscheidung in ihrem Bereich die volle Verantwortung: maximaler Druck, minimaler Spielraum. Dieses Dilemma ist der Nährboden des Kontrollwahns, der die Führung in einseitig hierarchischen Unternehmen kennzeichnet.

## *Erfolgsindikator Entscheidungsfreiheit*

Der US-amerikanische Management-Autor Tom Peters hat in seinem Bestseller *In Search of Excellence* (1982) die Geheimnisse zukunftsfähiger Unternehmen analysiert. Einige der Unternehmen, denen er Erfolg prognostizierte, wurden – teils aus externen Gründen – nicht so erfolgreich wie erwartet, weshalb er später viel Kritik einstecken musste. Einige seiner Thesen

gelten dennoch als wegweisend. Peters benennt u. a. folgende Indikatoren für die Erfolgsaussichten eines Unternehmens:

- Schnelle Entscheidungen und Problemlösungen verhindern, dass die Bürokratie überhandnimmt.
- Umsetzungsstarke Persönlichkeiten sind nahe am Kunden und lernen von seinen Bedürfnissen.
- Exzellente Unternehmen zeichnen sich durch Autonomie und Unternehmergeist auf allen Ebenen aus.

Diese Indikatoren für den Unternehmenserfolg lassen direkt auf die relevanten Kriterien für die Entscheidungskultur eines Unternehmens schließen:

- Schnelle Entscheidungen und Problemlösungen sind nur möglich, wenn sie nicht erst durch die Hierarchiestufen hindurch konsensiert werden müssen.
- Nahe am Kunden sein kann nur, wer selbst befugt ist, auf Kundenbedürfnisse mit konkreten operativen Entscheidungen zu reagieren.
- Mitarbeiter können nur dann den vielfach geforderten Unternehmergeist leben, wenn ihnen auch die dafür notwendigen Befugnisse übertragen werden.

Aus diesen Kriterien folgt auf Führungsseite: Führungskräfte sind effektiver, wenn sie die von ihnen verantworteten Entscheidungen möglichst autonom und verantwortlich treffen können. Auf Mitarbeiterseite lautet die Schlussfolgerung: Entscheidungen sind kein Führungsprivileg. Auch Mitarbeiter müssen innerhalb ih-

res Aufgabenbereichs Entscheidungen treffen können. In einem exzellenten Unternehmen gibt es also nicht Entscheider auf der einen und Ausführende auf der anderen Seite, sondern nur Entscheider.

### Entscheidungsfreiheit der Führung

In den meisten Unternehmen ist der Prozess der Entscheidungsfindung sehr komplex. Er ist in der Regel über mehrere Hierarchiestufen verteilt und deshalb sowohl langwierig als auch mühselig. Gleichzeitig besteht jedoch kein Zweifel daran, wer die volle Verantwortung für die Entscheidungen in einem bestimmten Bereich trägt: die Führungskraft. Sie ist es auch, die für Fehlentscheidungen im Zweifel den Kopf hinhält.

Dieses Ungleichgewicht zwischen Prozessen und Verantwortung führt dazu, dass Führungskräfte sich im Zweifel lieber absichern. Sie treffen die Entscheidung, die von der Mehrzahl der am Prozess Beteiligten mitgetragen wird. Das ist nicht zwingend die Entscheidung, die sie aus eigenem Antrieb treffen würden.

Diese Absicherungskultur erzeugt Standardergebnisse und hat langfristig Stagnation zur Folge. Manche Entscheidungen verlangen nach dem Mut, sich durchzusetzen – auch gegen anderslautende Meinungen. Wenn die verantwortliche Führungskraft in ihrem Bereich nicht in der Lage ist, mutige Entscheidungen zu treffen, dann trifft sie niemand. Auf diese Weise wird es praktisch unmöglich, neue Wege zu gehen und innovative Ideen zur Umsetzung zu bringen (s. auch Kap. 4).

Der eigentliche Orientierungspunkt für jede Entscheidung ist jedoch der Kunde. Radikale Kundenorientierung erfordert Mut – und genau daran fehlt es in der Entscheidungskultur konsensgesteuerter Unternehmen, in denen jeder Entscheider auf Absicherung bedacht ist.

Eine an Freiheit orientierte Führungskultur verfolgt deshalb das Ziel, das Ungleichgewicht zwischen Prozessen und Verantwortung aufzulösen. Die Verantwortung ist eine Säule der Führung, an der nicht gerüttelt werden kann (s. auch Kap. 2.1). Als Hebel, um Führungskräften mehr Freiheit zu schenken, bleiben also die Prozesse.

Dabei sind zwei Aspekte der operativen Führung zu berücksichtigen: Entscheidungsfreiheit haben Sie als Führungskraft dann,

- wenn Sie in Ihrem Verantwortungsbereich autonom entscheiden können und
- wenn Sie nicht alles selbst entscheiden müssen, sondern andere in Ihrem Verantwortungsbereich ebenfalls autonom entscheiden können.

Zwei strukturelle Veränderungen, die daraus folgen, können Ihre Entscheidungsfähigkeit erhöhen und Sie gleichzeitig entlasten, indem sie Sie persönlich unabhängiger machen – auf einen Schlag:

- **Prozesse verschlanken:** Je schlanker der Prozess, desto handlungsfähiger und schneller (also: effektiver und effizienter) sind Sie als Führungskraft.

- **Verantwortungsbereich schärfen:** Je konkreter Ihr Verantwortungsbereich umrissen ist, desto klarer die Entscheidungsfindung.

### Entscheidungsfreiheit der Mitarbeiter

Unabhängig entscheiden können Führungskräfte nur, wenn auch ihr Umfeld im selben Maße unabhängig ist. Ist die Führungskraft in jeden Entscheidungsprozess in ihrem Team oder ihrer Abteilung involviert, kann sie naturgemäß weniger Ressourcen in jede einzelne Entscheidung einbringen. Ihre Entscheidungsfreiheit ist also untrennbar an die Entscheidungsfähigkeit und -freiheit der Mitarbeiter geknüpft.

Wenn alle Menschen innerhalb eines Teams, einer Abteilung oder eines Unternehmens Entscheider mit klar umrissenen Verantwortungsbereichen sind, verschaffen sie einander den nötigen Freiraum für ihre Entscheidungen und entlasten sich damit automatisch auch gegenseitig.

So entfallen beide Begrenzungen einer hierarchisch strukturierten Konsenskultur: Alle Entscheidungen können schnell und unabhängig getroffen werden, und die Verantwortung ist fachgerecht und vor allem kundenorientiert verteilt. Auf diese Weise gewinnt die Führungskraft Ressourcen für ihre Kernaufgaben und die Mitarbeiter sind dem Kunden gegenüber selbstständig entscheidungsfähig. Geteilte Entscheidungsfreiheit ist somit auch eine Voraussetzung für Kundenzufriedenheit.

### *Geteilte Verantwortung, geteilte Freiheit*

Während Führungskräfte häufig zu viel operative Verantwortung tragen, haben Mitarbeiter oft weniger davon, als ihnen lieb ist. Führungskräfte, die sich nach allen Seiten absichern müssen, werden vom Kontrollwahn beherrscht. Sie führen per Weisung und überprüfen die Ausführung ihrer Weisungen durch die Mitarbeiter. Deren Eigenverantwortung geht damit gegen null.

Die Abhängigkeit setzt sich also wie eine Kettenreaktion fort: Sie wird von der Führung an die Mitarbeiter weitergegeben.

Mit einer Neuordnung der Aufgabenbereiche ist es deshalb nicht getan. Gewiss ist die Versuchung groß, einfach operative Aufgaben nach unten durchzureichen, um sich selbst mehr Ellbogenfreiheit zu verschaffen, und die Ausführung dieser Aufgaben wie gehabt zu kontrollieren. Doch erst, wenn Sie dem Mitarbeiter auch die Verantwortung für seinen Aufgabenbereich übertragen, ist er tatsächlich autonom entscheidungsfähig. Geteilte Freiheit heißt immer auch: geteilte Verantwortung.

*Als Führungskraft sind Sie im Sinne des Kunden effektiver und effizienter, wenn Sie die von Ihnen verantworteten Entscheidungen autonom treffen können und gleichzeitig Ihre Mitarbeiter ermächtigen, in ihrem Verantwortungsbereich ebenfalls autonom zu entscheiden.*

## 1.2 Entscheidungsmacht umverteilen

Wie können Sie als Führungskraft die Entscheidungsbefugnisse in Ihrem Bereich so verteilen, dass alle Beteiligten – Sie, Ihre Mitarbeiter und die Kunden – davon profitieren? Ein einfaches Praxisbeispiel verdeutlicht, worum es geht:

*Ein Hotelgast checkt an der Rezeption ein und verlangt nach einem kostenfreien Upgrade: „Bitte geben Sie mir ein größeres Zimmer." Die Rezeptionistin erwidert: „Gern kann ich Ihnen gegen einen Aufpreis ein Zimmer aus der nächsthöheren Kategorie anbieten." „Ach, kommen Sie! Bei einem Stammgast wie mir können Sie doch auch mal ein bisschen flexibel sein. Immerhin sorge ich hier regelmäßig für Umsatz." „Leider kann ich das nicht entscheiden. Bitte gedulden Sie sich einen Moment, ich muss erst meinen Vorgesetzten fragen."*

Ab hier läuft in den meisten Unternehmen ein Entscheidungsprozess an, der mal mehr, mal weniger aufwendig ist. Im schlimmsten Fall zieht er sich über mehrere Hierarchiestufen und bindet unnötig viele Ressourcen.

### Folgen abhängiger Entscheidungen

Das hat gleich mehrere fatale Folgen: Der Kunde bekommt von seinem Ansprechpartner in diesem Moment der Wahrheit – denn das ist jeder Kundenkontakt – keine unmittelbare Lösung. Er muss warten. Allein

das erzeugt schon Frust. Selbst wenn er am Ende eine gute Lösung bekommt, ist er wahrscheinlich nicht wirklich zufrieden, denn er wurde hingehalten und behandelt wie ein Problem auf zwei Beinen.

Darüber hinaus kostet der Prozess das Unternehmen Geld. Zeit und Manpower müssen investiert werden. Dabei hätte die Mitarbeiterin, an die sich der Kunde gewandt hat, die größte Chance auf einen positiven Eindruck, denn sie hat den direkten Draht! Doch sie ist nicht dazu ermächtigt – ein Führungsfehler.

Je mehr Hierarchiestufen eine Entscheidung durchlaufen muss, desto länger dauert sie, desto mehr Ressourcen werden verbrannt, desto verwässerter ist die Lösung, desto frustrierter sind die beteiligten Mitarbeiter und desto unzufriedener ist am Ende der Kunde.

**Folgen falsch verteilter Entscheidungsmacht:**
- Führungskräfte verlieren durch Entscheidungen, die andere besser treffen könnten, Zeit, Nerven und ggf. weitere Ressourcen.
- Befehlsempfänger, die keine Verantwortung tragen dürfen, empfinden sich als bloßes Rädchen im Getriebe – und werden vom Kunden genauso wahrgenommen. Das demotiviert sie.
- Kunden spüren den Mangel an Entscheidungsfreiheit in Form von mangelnder Kundenorientierung.

### *Vorteile und Prämissen der Umverteilung*

Wenn die konkreten Entscheidungsbefugnisse innerhalb eines Unternehmens, einer Abteilung oder eines Teams umverteilt werden, sind zwei Prämissen maßgeblich:

- Die Mitarbeiter werden von ausführenden Befehlsempfängern zu Entscheidungsträgern innerhalb ihres eigenen Aufgabenbereichs.
- Die Mitarbeiter erhalten nicht nur die Entscheidungsmacht über ihren Aufgabenbereich, sondern tragen auch die Verantwortung.

Werden diese Prämissen von vornherein beachtet, schlagen die darauf aufbauenden Maßnahmen zwei Fliegen mit einer Klappe. Sie eliminieren nämlich gleich zwei Quellen der lähmenden Abhängigkeit auf Mitarbeiter- und Führungsebene:

- **Motivation:** Die Mitarbeiter werden durch den Zugewinn an Verantwortung motiviert, denn Entscheidungsmacht ist gleichbedeutend mit Anerkennung und Wertschätzung.
- **Entlastung:** Insbesondere Sie als Führungskraft werden entlastet und gewinnen Ressourcen, die Sie für Ihre eigentlichen Führungsaufgaben aufbringen können: die Mitarbeiter durch ihr Vorbild zu inspirieren und entscheidungsfähig zu coachen.

### *Welche Entscheidungen umverteilen?*

Bevor Sie in die Mechanik der einzelnen Entscheidungsprozesse eingreifen, führen Sie sich noch einmal das Ziel

der Umverteilung vor Augen: Die Entscheidungskultur verändern heißt, sich vom Kontrollwahn verabschieden. Sie wollen mehr Spielraum für Ihre Kernaufgaben gewinnen und Ihren Mitarbeitern mehr Spielraum für ihre Aufgaben geben. Sie wollen Freiheit gewinnen und Ihren Mitarbeitern mehr Freiheit schenken. Beides dient dem Erfolg, denn es nützt dem Kunden. Vor diesem Hintergrund können Sie nun die konkreten Entscheidungen bzw. Verantwortlichkeiten auswählen, die Sie umverteilen wollen. Achtung: Es geht nicht darum, unliebsame Entscheidungen loszuwerden, sondern um die Frage, wo die Verantwortung für konkrete Entscheidungen im Sinne des Kunden am besten aufgehoben ist!

Stellen Sie sich folgende Fragen und notieren Sie die Antworten:

- Welche Entscheidungen in Ihrem Bereich führen zu negativem Kunden- und/oder Mitarbeiterfeedback, und warum?
- Welche Entscheidungen dauern zu lange, und warum?
- Welche Entscheidungen kosten Sie am meisten Zeit und Nerven, und warum?
- Welche Entscheidungen halten Sie von Ihren Kernaufgaben ab?
- Welche Entscheidungen treffen Sie, ohne ausreichend informiert zu sein?

Alle Entscheidungen, die nun auf Ihrer Liste stehen, können Gegenstand der Umverteilung sein. Wahr-

scheinlich werden Sie jedoch nicht alle Entscheidungen umverteilen können – je nach Größe und Struktur Ihres Verantwortungsbereichs und persönlicher Eignung und Qualifikation Ihrer Mitarbeiter. Tipp: Sortieren Sie Ihre Liste nach Priorität.

### Entscheidungsbefugnisse neu ordnen

Um die ausgewählten Entscheidungsbefugnisse in Ihrem Bereich operativ neu zu verteilen, können Sie sich drei Fragen stellen, welche die relevantesten Faktoren eines Entscheidungsprozesses berücksichtigen:

- **Kundenorientierung:** Wer ist am nächsten am Kunden/hat den relevanten Kundenkontakt? Je näher am Kunden eine Entscheidung getroffen wird, desto besser.
- **Operationalisierbarkeit:** Wer ist für die operative Ausführung der Entscheidung zuständig? Idealerweise trifft immer der ausführende Mitarbeiter auch die Entscheidung.
- **Ressourcen:** Welche konkreten Befugnisse und Ressourcen braucht derjenige? Mit der Umverteilung der Entscheidungsmacht geht ggf. auch eine Umverteilung von operativen/technischen Berechtigungen und Ressourcen einher.

Wenn Sie diese Fragen für sich beantwortet haben, können Sie zur Tat schreiten und bestimmte Entscheidungen an einen neuen Entscheidungsträger vergeben, der diese trifft *und* für sie verantwortlich ist.

## *Einen klaren Rahmen setzen*

Freiheit braucht Leitplanken. Mitarbeiter wünschen sich Klarheit und Orientierung – ganz besonders wenn sie plötzlich größere Verantwortung tragen. Setzen Sie deshalb jedem Entscheidungsträger einen konkreten Rahmen, damit er sich mit seiner neuen Entscheidungsmacht nicht alleingelassen fühlt und selbstbewusst sowie angstfrei agieren kann.

Das Ziel besteht nicht darin, jegliche Hierarchie und Struktur innerhalb des Unternehmens aufzulösen. Es geht darum, dass jeder genau die Freiheiten zur Verfügung hat, die im Sinne des Kunden sinnvoll sind. Unklarheiten und Zielkonflikten können Sie vorbeugen, indem Sie bei der Verteilung der Entscheidungsbefugnisse folgende Punkte für jeden Entscheidungsträger einzeln klären:

- Wo genau beginnt und endet seine/ihre operative Entscheidungsmacht?
- In welchem Rahmen bewegen sich die Ressourcen (finanziell, materiell und personell), auf die er/sie ohne weitere Abstimmung zugreifen kann?
- In welchen (Ausnahme-)Fällen ist eine Konsultation und ggf. Abstimmung über eine Entscheidungsfindung doch notwendig, und wie ist dann vorzugehen?

## *Die Umverteilung kommunizieren*

Für den Erfolg der Umverteilung ist es entscheidend, dass Sie die Veränderungen positiv sowie in ihrer vollen Tragweite und mit allen Konsequenzen kommunizieren:

- Kündigen Sie die Umverteilung in einer Teamsitzung mit Ihrem gesamten Bereich an.
- Führen Sie zusätzlich mit jedem Entscheidungsträger ein unterstützendes Einzelgespräch. Diskutieren Sie dabei auch den konkreten Rahmen der individuellen Entscheidungsbefugnisse (s. o.).
- Begründen und erklären Sie Ihre Entscheidung für die Umverteilung und die einzelnen Maßnahmen transparent und praxisnah.
- Machen Sie deutlich, dass das Ziel der Maßnahmen mehr Freiheit für alle Beteiligten ist, nicht eine operative Mehrbelastung, und dass der Erfolg der Maßnahmen auch daran gemessen wird.
- Setzen Sie Ihre Vorstellungen möglichst konsequent um, verweigern Sie sich jedoch keinesfalls dem Dialog mit Ihren Mitarbeitern und deren Feedback. Freiwilligkeit ist eine notwendige Voraussetzung für Entscheidungsfreiheit.

Versuchen Sie die mögliche Scheu Ihrer Mitarbeiter vor größerer Verantwortung positiv abzufangen. Es geht um Entlastung und höhere Produktivität durch Ermächtigung und eben nicht um zusätzlichen Veränderungsdruck. Freiheit ist nicht einfach eine weitere Change-Maßnahme, sondern eine Haltung, die das System grundlegend verändert. Die Umverteilung soll dem Unternehmen und dem Einzelnen gerade dabei helfen, besser mit dem permanenten Markt- und Veränderungsdruck umgehen zu können.

### *Erfolg der Umverteilung überprüfen*

Ist die neue Entscheidungsroutine etabliert, ist es von entscheidender Bedeutung, dass Sie deren Erfolg fortlaufend und regelmäßig überprüfen und ggf. nachbessern. Der Rhythmus der Überprüfung ist von der Größe Ihres Bereichs und der Natur Ihres Unternehmens abhängig. In größeren, stärker hierarchisch geprägten Unternehmen kann etwa eine monatliche Überprüfung sinnvoll sein, in kleineren Unternehmen und solchen mit ständigem Kundenkontakt eine wöchentliche. Achtung: Kontrollieren Sie nicht die Ausführung der Veränderungen, sondern betrachten Sie die Ergebnisse!

**Erfolgskriterien der Umverteilung**
Den Erfolg der Umverteilung können Sie – von den messbaren Ergebnissen abgesehen – auch an konkreten systemischen Kriterien ablesen:
- Mitarbeiter entscheiden in ihrem Bereich tatsächlich selbst (und selbstbewusst!) und verfügen nachweislich über die notwendigen Ressourcen.
- Als Führungskraft können Sie sich (nach einer Eingewöhnungsphase) aus den Entscheidungen heraushalten und werden immer seltener konsultiert.
- Sie können sich auf die Entscheidungen Ihrer Mitarbeiter verlassen und sind nicht ständig gezwungen einzugreifen.

*Ein Mitarbeiter, der nicht entscheiden kann, kann auch keine Kunden begeistern. Je näher am Kunden Entscheidungen getroffen werden, desto bes-*

*ser. Bei der Umverteilung kommt es darauf an, Ziele transparent zu kommunizieren, Zugang zu Ressourcen zu schaffen und maximale Freiheit innerhalb eines klaren Rahmens zu ermöglichen.*

## 1.3 Entscheidungsfreude vorleben

Mit der operativen Umverteilung der Entscheidungsverantwortung ist es natürlich nicht getan. Freiheit ist eine Haltung, die sich nicht auf die Prozessebene beschränkt. Bisher haben Sie vor allem die systemische Seite der Entscheidungsfindung bearbeitet. Ebenso bedeutsam ist die individuelle, die menschliche Seite. Nachdem die strukturellen Veränderungen implementiert sind, können Sie sich Ihrer zentralen Verantwortung als Führungskraft widmen: Ihre Mitarbeiter befähigen, ihre Rolle als Entscheider kompetent und motiviert auszufüllen. Ab hier geht es weniger um operative Führung als vielmehr um das Feld der Persönlichkeitsentwicklung. Der entscheidende Hebel für diese wichtige Führungsaufgabe ist deshalb Ihre Persönlichkeit als Führungskraft.

In den letzten Jahren hat sich in der Personalentwicklung der Grundsatz etabliert, Mitarbeiter sollten stärker unternehmerisch denken – also unabhängiger und erfolgsorientierter. Eine nachvollziehbare Forderung. Leider schrecken die meisten Unternehmen davor zurück, aus dieser Überlegung auch praktische Konsequenzen für die Führungskultur zu ziehen.

Woran können sich Mitarbeiter bei der geforderten Haltungsänderung orientieren? Sie brauchen ein Vorbild. Als unabhängig denkende und handelnde Führungskraft können Sie Entscheidungsfreude vorleben.

### *Führung als Identifikationsfläche*

Viele Mitarbeiter tragen großen Gestaltungswillen in sich. Sie wollen Mitgestalter sein, doch sie trauen sich nicht. Die Kultur von Weisung und Kontrolle hat ihnen die Eigeninitiative abgewöhnt. Wie können Sie Leidenschaft und Teamgeist (wieder) entfachen? Die Antwort steht zugleich für die wichtigste Aufgabe der Führung: Ein starker Leader ist seinen Mitarbeitern eine Inspiration. Wie erfolgreich Ihre Führung wirklich ist, zeigt sich erst daran, was geschieht, wenn Sie nicht da sind.

Die meisten Mitarbeiter wissen, was auf dem Spiel steht, und sind ihren Aufgaben fachlich gewachsen. Was ihnen oft vorenthalten wird, ist der tiefere Sinn hinter einzelnen Maßnahmen, das Big Picture. Imagebroschüren mit stromlinienförmigen Formulierungen können vielleicht Aktionäre abholen, doch die Mitarbeiter brauchen eine menschliche Identifikationsfläche. Diese zu bieten ist eine Kernaufgabe der Führung. Wenn Sie wollen, dass Ihre Mitarbeiter selbstbewusst Entscheidungen treffen und sich als unabhängig denkende Mitunternehmer für das Unternehmen einsetzen, dann leben Sie es Ihnen vor. Gehen Sie als unabhängiger Entscheider mit Ihrem Vorbild voran!

## Wozu entscheiden?

Wenn Sie aus Mitarbeitern verantwortungsvolle Mitunternehmer machen wollen, gibt es nur einen Weg, der nachhaltig erfolgreich sein wird: Zeigen Sie Ihrem Team, *wozu* Sie ihm Entscheidungsmacht einräumen. Das können Sie auf zwei Ebenen tun:

- **Kommunikationsebene:** Holen Sie Ihre Mitarbeiter kontinuierlich ins Boot, indem Sie Ihnen erklären, welchen Zweck einzelne Entscheidungen verfolgen.
- **Demonstrationsebene:** Zeigen Sie Ihren Mitarbeitern, welche Wirkung jede Entscheidung hat, indem Sie die Konsequenzen offenlegen.

Wichtig ist, dass beide Ebenen absolut konsistent sind. Wenn Sie das eine sagen, aber das andere tun, verlieren Sie Ihre Glaubwürdigkeit als Entscheider und Leader.

**Wozu-Fragen in der Praxis**
Die Frage nach dem Wozu können Sie im Führungsalltag immer wieder thematisieren:
- Wozu dient dem Kunden das Produkt/der Service?
- Wozu braucht der Kunde unser Unternehmen?
- Wozu braucht der Kunde mich/dich?
- Wozu dient diese Entscheidung?
- Wozu verändern wir diesen Prozess?

## Konflikttoleranz vorleben

Wenn Ihre Mitarbeiter eigene Entscheidungen treffen, werden sie Differenzen und Gegenstimmen aushalten

und überwinden müssen. Die richtige Entscheidung ist nicht immer die populärste. Wenn nicht mehr jede Entscheidung konsensiert wird, brauchen alle Beteiligten Konflikttoleranz. Dazu gehört auch die Bereitschaft, sich respektvoll, aber bestimmt gegen anderslautende Meinungen zu entscheiden. Leben Sie Ihren Mitarbeitern den Mut des Entscheiders vor, indem Sie:

- aktiv Feedback einholen und wertschätzen,
- über andere Meinungen respektvoll diskutieren,
- sich in Kenntnis aller Faktoren eine unabhängige Meinung bilden,
- Ihre Entscheidungen transparent begründen und
- gefasste Beschlüsse konsequent durchsetzen.

*Bei der Verteilung der Entscheidungsmacht sind systemische und menschliche Aspekte ausschlaggebend:*

- *Führungskräfte sind im Sinne des Kunden effektiver, wenn sie ihre eigenen Entscheidungen informiert, aber unabhängig treffen und dieselbe Freiheit auch ihren Mitarbeitern einräumen.*
- *Je näher am Kunden Entscheidungen getroffen werden, desto besser. Mitarbeiter brauchen maximale Entscheidungsfreiheit innerhalb eines klaren Verantwortungsrahmens.*
- *Führungskräfte sind Mitarbeitern ein Vorbild in ihrer Rolle als unabhängig denkende Entscheider; deshalb identifizieren sie sich sichtbar mit der gemeinsamen Mission.*

**30 MINUTEN**

# 2. Handlungsfreiheit: Mitarbeiterführung neu denken

Viele Mitarbeiter verlieren im Laufe ihres Arbeitslebens das Vertrauen in die Führung. Untersuchungen zeigen immer wieder, dass nur ein Bruchteil der Mitarbeiter mit seinen Vorgesetzten zufrieden ist. Der direkte Vorgesetzte ist auch der häufigste Kündigungsgrund. Die Führung hat ohne Zweifel den größten Anteil an der Mitarbeiterzufriedenheit. Die häufigsten Gründe für Unzufriedenheit mit der Führung beschreiben gleichzeitig ihre größten Veränderungspotenziale: Die glücklichsten und produktivsten Mitarbeiter sind in Unternehmen zu finden, in denen Mitsprache und Mitgestaltung großgeschrieben werden. Wenn Menschen direkten Einfluss auf den Erfolg nehmen können und dafür wertgeschätzt werden, fühlen sie sich durch die Führung als freie Akteure ermächtigt – und sind entsprechend motiviert bei der Sache.

Der Schlüssel zu geteilter Freiheit liegt darin, Mitarbeiterführung neu zu denken: nicht als System des Druck-

ausgleichs zwischen Befehlsebenen, sondern als Teamplay für ein gemeinsames Ziel.

## 2.1 Eine Vertrauenskultur etablieren

Führung im Zeichen der Freiheit kommt ohne die Abhängigkeiten eines einseitig hierarchischen Führungssystems alter Prägung aus. Mitarbeiter in freien Unternehmen brauchen keine Weisungen, um zu wissen, was sie zu tun haben, und sie müssen nicht kontrolliert werden, um ihr Bestes zu geben. Doch wenn diese althergebrachten Bindeglieder – oder vielmehr: Ketten – entfallen, worin besteht dann die Verbindung zwischen Führungskräften und Mitarbeitern?

Um diese Frage zu beantworten, ist es notwendig, Mitarbeiterführung unter ganz anderen Voraussetzungen zu betrachten: Freiheitliche Führung geht nicht mehr davon aus, dass Mitarbeiter zu ihrem Glück gezwungen und zur Leistung getragen werden müssen. Sondern davon, dass sie den Willen zum Erfolg grundsätzlich in sich tragen. Deshalb besteht keine Notwendigkeit, sie operativ voranzutreiben. Vielmehr geht es darum, das Team emotional an die Mission zu binden – motivieren statt erpressen. Der Schlüssel liegt also in einem neuen Verständnis von Führung – als Beziehungspflege. Engagement hoch, Motivation hoch, Stimmung hoch, Ergebnisse hoch, all das leistet derselbe Hebel: eine Kultur des Vertrauens, in der die Beziehung zwischen Füh-

rungskräften und Mitarbeitern neu definiert wird – als Erfolgsgemeinschaft.

### *Wettbewerbsvorteil Vertrauenskultur*

Die Digitalisierung verändert die Arbeitsprozesse grundlegend, und damit auch die Art, wie wir miteinander arbeiten. Die jungen Generationen befördern diese Veränderung der Arbeitskultur zusätzlich. Sie betrachten Arbeit als ein erfüllendes Element, das sich in ihre Lebensplanung integriert – nicht umgekehrt. Die Start-up-Kultur und der Boom des Social Entrepreneurship sind die Leuchttürme dieser Entwicklung.

Inkonsequente, kontrollsüchtige Führung ist mit der Realität der digitalen Arbeitswelt nicht vereinbar. Ein Chef, der seinen Mitarbeitern nicht vertraut, hat Mitarbeiter, die sich nichts trauen. Menschen wollen ihre Bindung ans Unternehmen spüren können, wollen Teil einer Bewegung sein. Sie blühen in einer Kultur auf, die Chancen und Entfaltung bietet. Sie wünschen sich eine Führung, die sich nicht nach Führung anfühlt, sondern nach Freiheit. Eine solche Führungskultur zieht diese Mitarbeiter förmlich an, weil sie Spielraum zulässt, um sich individuell und im Team zu verwirklichen.

Handlungsfreiheit ist außerdem eine Voraussetzung für Innovationskraft und exzellente Ergebnisse. Denn Innovation gibt es nicht ohne Risiko. Mitarbeiter gehen nicht mutig neue Wege oder bringen gewagte Ideen ein, wenn sie Angst haben, sich vor einem kontrollsüchtigen Chef eine Blöße zu geben. Früher ging es bei der Führung um

Benchmarks und Prozesse. Heute dürfen wir als Führungskräfte endlich auf die Menschen setzen.

## V⁴: Die Formel der Mitarbeiterführung

Führung im Zeichen der Freiheit ruht auf vier Säulen, den Eckpfeilern der Beziehung zwischen Ihnen als Führungskraft und Ihren Mitarbeitern. Sie beschreiben die Rolle des Leaders im Rahmen der Beziehungsarbeit.

1. **Vertrauen:** Vertrauen bildet die emotionale Basis, auf der die anderen drei V gedeihen. Eine Kultur des Vertrauens ist die Grundlage dafür, dass Freiheit sich in einem System ausbreiten und jeden einzelnen Mitarbeiter motivieren kann, seine Talente im Sinne des Unternehmens und für den Kunden auszuleben.

2. **Vorbild:** Wenn ich will, dass meine Mitarbeiter freiwillig und selbstbestimmt handeln, muss ich ihnen das vorleben. Alles, was ich einfordere, ohne selbst glaubwürdig dafür zu stehen, kaufen meine Mitarbeiter mir nicht ab.

3. **Verantwortung:** Wenn ich erwarte, dass meine Mitarbeiter Verantwortung für gemeinsame Ziele übernehmen, erreiche ich das nur, indem ich mich als verantwortungsbewusster Chef zeige. Knicke ich in der schwierigsten Phase eines Projekts widerstandslos ein, wenn eine Ebene weiter oben eine Budget-Kürzung beschlossen wird, kann ich nicht von meinem Team erwarten, dass es noch härter arbeitet und meine Schwäche ausgleicht.

4. **Verpflichtung:** Damit Mitarbeiter sich dem Unternehmen verpflichtet fühlen, wollen sie spüren, dass der Chef im selben Boot sitzt. Kontrollsüchtige Chefs sind eher darauf bedacht, ihre Vorgaben zu erfüllen oder mindestens vor dem eigenen Vorgesetzten gut dazustehen. Um eine glaubwürdige Beziehung zu den Mitarbeitern aufzubauen, ist aber die Verpflichtung zum Team entscheidend.

### *Vertrauensbildende Maßnahmen*

Wenn Sie Führung nach dem alten Muster von Weisung und Kontrolle gelernt haben, tun Sie sich möglicherweise schwer damit, eine tragfähige Beziehung zu Ihren Mitarbeitern aufzubauen. Das Prinzip Vertrauen an sich wird Ihnen zwar keine Schwierigkeiten bereiten, immerhin ist es ein tief verwurzeltes menschliches Bedürfnis. Doch dieses Konzept in den Kontext der Führung zu integrieren und auf jede Interaktion mit den Mitarbeitern anzuwenden, ist für viele eine befremdliche Vorstellung. Wie operationalisieren Sie V$^4$?

Es ist wichtig, das Prinzip V$^4$ als operative Notwendigkeit zu begreifen. Denn solange Sie Beziehungsarbeit und Vertrauen nur als Stimmungsaufheller betrachten, werden Sie an Unglaubwürdigkeit scheitern. Drei Maßnahmen helfen Ihnen, ein Klima des Vertrauens zu erschaffen. Alle drei lassen sich sofort in den Arbeitsalltag integrieren, sobald Sie mit der Umverteilung der Entscheidungsmacht die systemische Grundlage geschaffen haben. Die einzige Voraussetzung dafür ist die

Überzeugung, dass jeder im Team seine Verantwortung kennt und intrinsisch motiviert ist, ihr gerecht zu werden.

1. **Feedback geben und einfordern:** Vertrauen heißt, daran glauben, dass Menschen an ihrem Job wachsen – statt zu erwarten, dass sie schon perfekt sind. Offenes, empathisches Feedback ist der Motor dieses Wachstums. Denken Sie beim Feedbackgeben nicht nur an die unmittelbare Problemlösung, sondern auch an die Entwicklung des anderen.

2. **Grundvertrauen aufbringen:** Jeder Mitarbeiter ist angehalten, anderen ein hohes Maß an Grundvertrauen entgegenzubringen. Gehen Sie immer von der Prämisse „im Zweifel für den Angeklagten" aus – auch wenn jemand eine Entscheidung trifft, die Sie selbst nicht getroffen hätten.

3. **Vertrauenswürdigkeit demonstrieren:** Menschen mit Verantwortung verdienen sich Vertrauen, indem sie anderen zuhören, ihr Feedback integrieren, Entscheidungen erklären und Teammitglieder aktiv ins Boot holen. Ermutigen Sie jeden in Ihrem Team, Sie so lange und intensiv zu konsultieren, bis er sich bereit fühlt, eine Entscheidung zu treffen – solange er dabei nicht die Verantwortung auf Sie abwälzt.

Wenn Sie diese Schritte jeden Tag konsequent mit Ihrem Team gehen, wird aus jeder Interaktion, jeder Entscheidung und jeder Maßnahme ein klarer, transparenter und empathischer Vorgang. Jede einzelne Mei-

nung wird berücksichtigt. Gleichzeitig können Sie auf eine vorgeblich „basisdemokratische" Herangehensweise verzichten, bei der jeder Vorstoß im Sinne des Kunden aufwendig konsensiert werden müsste. Jeder Entscheidungsträger kann sich aktiv das Vertrauen aller im Team verdienen und dabei autonom entscheiden und handeln. Das Team wird auf sein Verantwortungsbewusstsein zählen. Für Sie als Führungskraft gilt bei der Vertrauensbildung erneut der Grundsatz: Vorleben ist besser als Vorbeten!

*Eine Kultur des Erfolgs beruht auf einer vertrauensvollen Beziehung zwischen Führung und Mitarbeitern. Führung = V⁴: Vertrauen, Vorbild, Verantwortung und Verpflichtung sind die Säulen der Freiheit in der Mitarbeiterführung.*

## 2.2  Weniger Was, mehr Wie

In einer abhängigkeitsgesteuerten Führungskultur geht es immer um das Was: Benchmarks, Zahlen, Prozesse. In freiheitsorientierten Unternehmen geht es bei der Mitarbeiterführung vor allem um das Wie. Warum ist das so? Die Antwort ist die kundenorientierte Haltung: Den Kunden interessiert nicht, warum etwas geht oder nicht geht. Er sieht nur das Ergebnis. Das Ziel der Mitarbeiterführung ist es deshalb, jeden Einzelnen zur Lösung von Anliegen und Problemen zu ermächtigen und

dem Kunden die Frage nach dem Wie vom Leib zu halten.

### Ermächtiger und Ermöglicher

Die Rolle des Mitarbeiters ist die des Ermöglichers: Er setzt die Lösungen um, damit der Kunde genau das bekommt, was er will. Über das Was zu diskutieren (Was wollen wir erreichen?) ist deshalb nur die halbe Wahrheit. Die Mitarbeiter sind diejenigen, die Antworten auf das Wie finden müssen. Die Rolle der Führungskraft ist die des Ermächtigers, der den Mitarbeitern den entsprechenden Handlungsspielraum frei schlägt.

**Mitarbeiter = Ermöglicher**

**Führungskräfte = Ermächtiger**

### The buck stops with you

Ein Beispiel verdeutlicht, warum Handlungsspielraum für die Mitarbeiter wichtiger ist als die Prozesse:
*Ein Kunde kommt mit seinem kaputten Smartphone ins Geschäft seines Mobilfunkanbieters. Das Gerät lässt sich nicht mehr einschalten, der Kunde ist nicht erreichbar. Der Mitarbeiter erklärt ihm: „Ich muss erst klären, ob wir den Schaden im Rahmen der Garantie selbst reparieren können oder zum Hersteller einschicken müssen." Kunde: „Das hilft mir gerade nicht weiter. Ich muss erreichbar sein. Wie lange wird das dauern? Mitarbeiter: „Das weiß*

*ich noch nicht." Kunde: „Können Sie mir ein Ersatzgerät geben?" Mitarbeiter: „Um das zu beantworten, muss ich erst den Prozess der Schadensregulierung klären."*

Den Kunden interessiert das Wie überhaupt nicht, sondern nur das Ergebnis: Er will ein Smartphone zur Verfügung haben und umgehend wieder erreichbar sein. Deshalb ist es im Interesse des Unternehmens, dass der Mitarbeiter das Wie für sich vereinnahmen kann. „The buck stops with you", heißt es im Amerikanischen. Frei übersetzt bedeutet das: „Du nimmst dich der Sache an." Aber im Beispiel ist der Mitarbeiter dazu nicht in der Lage, weil das Wie auf einer höheren Ebene geklärt werden muss. Der Kunde versteht das zu Recht als Kriegserklärung. Das Wie darf nicht zu ihm durchschlagen! Genau deshalb müssen die Mitarbeiter, insbesondere die mit Kundenkontakt, in der Lage sein, das Wie selbstständig zu klären.

## Führung entbürokratisieren

Die Verlagerung der Wie-Kompetenz ist ein Hebel, um Unternehmen zu entbürokratisieren. Sie können das mit Ihrem Steuerbescheid vergleichen: Welche komplexen Prozesse im Finanzamt ablaufen, wissen Sie gar nicht – aber Sie spüren es daran, dass Sie monatelang auf Ihren Bescheid warten. Wäre es nicht schön, wenn das schneller ginge, also: weniger bürokratisch?

Führung im Sinne des Kunden ist nicht Verwaltung, sondern Ermächtigung, und diese bezieht sich immer auf Handlungsspielraum beim Wie. Wie werden Mitar-

beiter, nachdem sie zu Entscheidungsträgern geworden sind, auch zu handlungsfähigen Umsetzern? Indem Mitarbeiterführung an Wie-Fragen ausgerichtet wird, die Priorität gegenüber den systemischen Voraussetzungen haben. Das ist auf der systemischen Ebene der entscheidende Unterschied zwischen einer freiheitsorientierten und einer abhängigkeitsgesteuerten Führungskultur, und sowohl der einzelne Mitarbeiter als auch der einzelne Kunde spürt ihn unmittelbar.

### Wie-Fragen für mehr Handlungsspielraum

Die Ausgangsfrage der Wie-Kompetenz ist in jedem Unternehmen dieselbe: Welche Handlungsspielräume braucht der Mitarbeiter, um den Kunden zu begeistern? Auf den Alltag der Mitarbeiterführung übertragen bedeutet das: Welche Wie-Fragen müssen aus Kundensicht geklärt sein, damit der Kunde sie gar nicht erst stellen muss? Wie-Fragen sind auf jeden operativen Schritt anwendbar. Sie schlagen die Brücke von der Inspiration, die von Ihnen als Führungskraft ausgeht, zum Ergebnis, das beim Kunden ankommt. Bleiben wir beim Beispiel des Mobilfunk-Kunden: Er stellt mehrere Fragen (direkt und indirekt), die es bereits bei der Ermächtigung der Mitarbeiter durch die Führung vorwegzunehmen gilt. Denn dann kann der Mitarbeiter sie dem Kunden in Form von Lösungsangeboten *ungefragt* beantworten:

- Wie lange wird das dauern?
- Wie gewährleisten Sie meine Erreichbarkeit?
- Wie komme ich an Ersatz?

**Wie-Fragen im Rahmen der Mitarbeiterführung:**

**A) Wie-Fragen aus Kundensicht:**
1. Wie können wir dem Kunden auf der Sachebene helfen?
2. Wie will der Kunde auf der emotionalen Ebene behandelt werden?
3. Wie wird der Kunde auf die Lösungsoptionen reagieren?

**B) Wie-Fragen aus Unternehmenssicht:**
4. Wie kann die Lösung gestaltet werden (zunächst ohne Berücksichtigung der Prozesse)?
5. Wie zahlt unser System (Organisationsstruktur, Prozesse, Aufgabenverteilung) auf diese Lösung ein?
6. Wie können wir das System verändern, um diese Lösung zu erleichtern oder erst zu ermöglichen?

Wichtig ist, dass die Mitarbeiter die Antworten auf die Wie-Fragen in ihrem Verantwortungsbereich selbst finden – denn diese sind grundlegend für die Einzelfallentscheidungen, die sie in Zukunft treffen werden. Ihre Aufgabe als Führungskraft ist es,

- die Wie-Fragen zu stellen und als handlungsleitend zu etablieren sowie
- den benötigten Handlungsspielraum systemisch zu ermöglichen, indem Sie die Teamstruktur und die Prozesse anpassen.

### Flexibilität in Wie-Fragen

Für die meisten Abläufe in einem Unternehmen lassen sich die Wie-Fragen grundsätzlich klären und die Mitarbeiter sind damit auf die meisten Situationen vorbereitet. Wirkliche Handlungsfreiheit haben Mitarbeiter allerdings erst, wenn sie in der Lage sind, die Antworten auf den Einzelfall anzupassen und auch auf Veränderungen am Markt und in den Kundenbedürfnissen zu reagieren.

Planen Sie deshalb situativen Spielraum ein, wenn Sie die Wie-Fragen etablieren. Dieser sollte – wie auch bei der Entscheidungsfreiheit – keine fixe Liste an Optionen sein, die Sie nur an die Mitarbeiter durchreichen. Vielmehr geht es auch bei der operativen Umsetzung der Freiheit darum, einen Rahmen um die Handlungsfreiheit zu ziehen. Dieser Rahmen umfasst die folgenden Aspekte:

1. Wo genau beginnt und endet der Handlungsspielraum des Mitarbeiters?
2. Welche Ressourcen braucht der Mitarbeiter, um möglichst ausnahmslos handlungsfähig zu sein?
3. Welche Freiheiten hat er in der Kommunikation der Lösung gegenüber dem Kunden?

### Das Wie braucht das Wir

Permanente Verbesserung ermöglichen Sie Ihren Mitarbeitern, indem Sie die Wie-Fragen zum Dreh- und Angelpunkt der persönlichen und Team-Entwicklung machen. Das gelingt am besten, wenn die Mitarbeiter

voneinander lernen können. So wird aus dem Wie ein Wir. Dafür gibt es zwei Möglichkeiten, die einzeln oder in Kombination zur Anwendung kommen können:

1. **Pflege einer Lösungs-Datenbank:** Jeder Mitarbeiter, der eine Lösung für ein bis dahin ungeklärtes Anliegen finden muss, berichtet in Kurzform über das Problem, seine Herangehensweise an die Lösungsfindung und deren Umsetzung.

2. **Regelmäßige Best-Practice-Runden:** Alle Mitarbeiter – einschließlich der Führung – berichten regelmäßig von ihren Best-Practice-Erfahrungen. Dabei werden positive Kundenfeedbacks genauso einbezogen wie negative.

Ziel beider Maßnahmen ist nicht das Eingreifen seitens der Führungskraft, sondern der Lernprozess im Team. Sie als Führungskraft übernehmen eine moderierende Funktion, indem Sie die Diskussion anhand der etablierten Wie-Fragen begleiten.

All diese Maßnahmen können sicherstellen, dass das Wie, also der kundenorientierte Lösungsweg, im Denken wie im Handeln immer Vorrang vor den systemischen Gegebenheiten hat. Als Führungskraft ermächtigen Sie die Mitarbeiter, sowohl Gestalter eigener Lösungen als auch Mitgestalter des Unternehmens zu sein.

*Die Mitarbeiterführung im Zeichen der Freiheit orientiert sich nicht am Was der systemischen Gegebenheiten, sondern am Wie einer kundenorien-*

*tierten Umsetzung. Mitarbeiter brauchen Handlungsspielräume, um den Kunden unbürokratische Lösungen anbieten zu können.*

## 2.3 Unterstützend führen

Mitarbeiter machen dann produktiven Nutzen von ihren Freiheiten, wenn sie sich emotional auf das Prinzip Kundenbegeisterung einlassen, also: auf die Beziehung zum Kunden. Das ist zu viel verlangt, wenn sie selbst keine emotionale Bindung ans Unternehmen haben. Diese Bindung zu schaffen, die den Teamgeist und den Willen zum Erfolg nährt, ist Aufgabe der Führung. In diesem Sinne ist Führung Beziehungsarbeit. Mitarbeiter emotional binden heißt: unterstützend führen. Aber wie können Führungskräfte, die bisher Weisungen statt Verantwortung verteilt und Kontrollwahn praktiziert haben, statt zu vertrauen, als glaubwürdige „Erfolgspartner" auftreten und Mitarbeiter in ihrer Eigenständigkeit unterstützen?

### *Die emotionale Seite der Führung*

In einer Studie hat die Unternehmensberatung McKinsey ermittelt, welche Verhaltensweisen von Leadern am häufigsten zum Erfolg führen. Befragt wurden dazu Führungskräfte in sehr erfolgreichen Organisationen. Als Top-Priorität erfolgreicher Führung landete klar auf Platz 1: „Be supportive" – unterstützend führen.

Machen Sie sich einmal gezielt Gedanken darüber, welche Art von Leader Sie sein wollen. Schauen Sie in den Spiegel, und das ist wortwörtlich gemeint. Setzen Sie nicht beim System oder Ihrem Umfeld an, sondern ganz allein bei sich selbst. Fragen Sie sich:

- Welcher Leader in meinem Leben hat mich inspiriert und geprägt, und was für ein Leader war er/sie? War er/sie vorrangig prozessorientiert oder menschlich?
- Welche Glaubenssätze über Führung und Mitarbeiter habe ich blind übernommen, welche selbst entwickelt?
- Welche Werkzeuge haben den größten Einfluss auf die Art von Leadership, die ich praktizieren will: operative (Prozesse) oder emotionale (Beziehung)?

Wahrscheinlich haben Sie bei Ihrer Betrachtung festgestellt: Verstand und Gefühl können in der Führung nicht getrennt betrachtet werden, und schon gar nicht schließen sie sich aus. Um andere von der gemeinsamen Mission zu begeistern, braucht es eine gesunde Balance zwischen Ratio und Emotion, zwischen den vom Verstand geleiteten Maßnahmen und dem emotionalen Führungsverhalten. Inspiration, die wichtigste Aufgabe eines Leaders, erwächst aus der Kohärenz von Persönlichkeit, Verhalten und Zielen. Erst stimmiges Leadership ermöglicht den Mitarbeitern, eine Beziehung zur Führungskraft als Partner und Vorbild aufzubauen.

### *Kompetenzen emotionaler Führung*

Der US-amerikanische Psychologe Daniel Goleman hat als erster gewichtiger Experte der emotionalen Dimension von Führung einen theoretischen Rahmen gegeben. Stimmiges Leadership setzt vier Kernkompetenzen voraus, die Goleman bereits in den 90er-Jahren herausgearbeitet hat. Sie sind maßgeblich für das moderne Verständnis von Management und Leadership. Oft reichen sie jedoch nicht konsequent in die tägliche Beziehungsarbeit und schon gar nicht in die operative Führung hinein. Für ein Verständnis von Führung, das den Menschen und sein Potenzial in den Mittelpunkt stellt, sind sie jedoch essenziell. Diese Kernkompetenzen emotionaler Führung (nach Goleman, 2003) sind:

- **Selbst-Bewusstsein:** Sie verstehen, wie Sie sich fühlen, und können Ihr eigenes Verhalten genau einschätzen.
- **Selbst-Management:** Sie sind in der Lage, Ihre Stimmungen zu managen, sich selbst zu motivieren und Ihre Ziele planmäßig zu erreichen.
- **Soziales Bewusstsein**: Sie besitzen die Fähigkeit, das Klima in Ihrer Umgebung zu lesen.
- **Beziehungsmanagement:** Sie können andere ins Boot holen und motivieren.

Erst der letzte Punkt dieser Aufzählung betrifft das, was in abhängigkeitsgesteuerten Unternehmen im Allgemeinen Führung genannt wird, nämlich aktive Mitarbeiterführung. Die anderen Punkte beziehen sich auf die Führungskraft selbst und setzen ein hohes Maß an

Reflexionsvermögen voraus. Um unterstützend zu führen, sind alle vier Kompetenzen notwendig.

### Unterstützungsmaßnahmen der Führung

Unterstützung wird oft als „Beihilfe" missverstanden. Was als Unterstützung gedacht ist, entpuppt sich bei genauerem Hinsehen dann oft wieder als Weisung oder Kontrollmaßnahme und ignoriert die beschriebenen Kernkompetenzen, denn es infantilisiert die Mitarbeiter. Deshalb ist es wichtig, Unterstützung nicht nur als operative Schützenhilfe zu betrachten, sondern als persönliche, nachhaltige Ermächtigungsstrategie für den Mitarbeiter. Ein Beispiel:

*Ein Mitarbeiter will ein kundenorientiertes Angebot erstellen und fragt seine Führungskraft: „Wie mache ich das?" Nun hat die Führungskraft zwei Möglichkeiten: Sie kann*

a) *dem Mitarbeiter erklären, was „die Kunden wollen" und wie das Angebot deshalb formuliert sein sollte, oder*

b) *den Mitarbeiter in die Lage versetzen, sich selbst ein Bild vom Kunden zu machen und bei der Formulierung des Angebots seine eigenen Kompetenzen und Erkenntnisse einzubringen.*

In so einer Situation unterstützend führen heißt, den Mitarbeiter auf dreierlei Weise unabhängig machen, die sich auch auf jede andere Führungsmaßnahme im Alltag übertragen lassen:

1. **Wertschätzen:** den Mitarbeiter als Persönlichkeit respektieren und seine Fähigkeiten anerkennen.

2. **Fördern:** den Mitarbeiter seine Persönlichkeit und seine Fähigkeiten ausleben und anwenden lassen.
3. **Absichern:** dem Mitarbeiter Leitplanken setzen, statt ihm Vorschriften zu machen.

*Variante a* im Beispiel schürt die Abhängigkeit, denn der Mitarbeiter wird glauben, auch jeden weiteren Schritt in diesem Projekt abstimmen zu müssen. *Variante b* ist unterstützend. Sie ermöglicht dem Mitarbeiter ein eigenständiges Erfolgserlebnis und lässt ihn seine Entscheidungs- und Handlungsspielräume nutzen.

*Den drei Unterstützungsmaßnahmen folgend könnte die Führungskraft im Beispiel Folgendes tun:*

1. *Dem Mitarbeiter vermitteln, dass er selbst qualifiziert und in der Lage ist, das Angebot eigenständig zu erstellen, und ihm die* Verantwortung *für die Kommunikation und Verhandlung mit dem Kunden übertragen.*
2. *Den Mitarbeiter dem Kunden vorstellen und sich selbst dann aus der Kommunikation zurückziehen, damit der Mitarbeiter den Bedarf selbst mit dem Kunden klären,* eigene Ideen *einbringen und seine* persönlichen Stärken *nutzen kann.*
3. *Dem Mitarbeiter einen klaren* Verfügungsrahmen *und Ressourcenplan zur Verfügung stellen, innerhalb dessen er die Details der Leistung und deren Erbringung selbst frei bestimmen und verhandeln kann.*

Ein solches Führungsverhalten stärkt sowohl die Eigenständigkeit des Mitarbeiters als auch seine Kunden-

orientierung. Obendrein, und das ist die emotionale Komponente dieser Art zu führen, stärkt es die Beziehung zur Führungskraft: Ein Mitarbeiter, der sich unterstützt fühlt und gestalten darf, statt nur Weisungen auszuführen, ist eher motiviert, zu bleiben und sich langfristig für das Unternehmen zu engagieren.

Treue gibt es nur in Freiheit – dies ist eine der schwierigsten Erkenntnisse für Führungskräfte, die das alte System gewöhnt sind. Gleichzeitig ist es eine der wichtigsten, denn so wird aus einer abhängigkeitsgesteuerten eine beziehungsorientierte Führung.

*Mitarbeiter so zu führen, dass sie eigenständig handlungsfähig werden, verlangt eine Abkehr von der Vorstellung, dass Führung der Erfüllung operativer Notwendigkeiten dient. Vielmehr liegt ihr Augenmerk auf der persönlichen Entwicklung mit dem Ziel der Ermächtigung:*

**30**

- *Führung ist Beziehungspflege und beruht auf einer vertrauensvollen Beziehung zwischen Mitarbeitern und Führungskraft.*
- *Führung stärkt die Wie-Kompetenz der Mitarbeiter, indem sie ihnen Gestaltungsspielraum für unbürokratische Lösungen im Sinne des Kunden gibt.*
- *Freiheitsorientierte Führungskräfte unterstützen ihre Mitarbeiter dabei, ihre Stärken einzusetzen und ihre Spielräume selbstbestimmt zu nutzen.*

**30 MINUTEN**

# 3. Redefreiheit: Offene Kommunikation etablieren

Neben der einseitigen, kundenfeindlichen Entscheidungsfindung und der starren, prozessverliebten Umsetzungsweise gibt es einen weiteren zentralen Aspekt der Führungskultur in abhängigkeitsgesteuerten Unternehmen, der die Freiheit blockiert: die unaufrichtige, verklausulierte Führungskommunikation.

In unfreien Unternehmen herrscht keine Redefreiheit. Die Kommunikation zwischen Führungskräften und Mitarbeitern wird von Kommunikationsbarrieren dominiert. Klare Worte werden mit allerlei Tricks und Strategien umschifft, die konstruktive Gespräche und einen offenen Umgang verhindern. Weil sie in ihrem Denken unfrei sind, reden abhängigkeitsgläubige Führungskräfte auch nicht offen. Und wenn sie es nicht tun, dann tun es die Mitarbeiter auch nicht, denn die Führung prägt die Kultur im Team. Erst wenn alle im Unternehmen frei miteinander kommunizieren können, über Hierarchieebenen hinweg und unbeeinflusst durch eigennützige Erwägungen, ist der Weg zum gemeinsamen Erfolg und zu begeisterten Kunden wirklich frei.

# 3.1 Political Correctness abschaffen

Viele Führungskräfte denken wie Feldherren, reden aber wie Kindergärtner. Sie sagen also etwas anderes, als sie meinen oder denken. Der Grund ist, dass sie sich auf oberflächliche Art nach irgendwelchen Kommunikationstrends für Manager richten anstatt danach, welche Art von Leader sie sein wollen und was ihre Mitarbeiter brauchen.

Einer dieser Kommunikationstrends besteht darin, immer „nett" zu sein. Aus diesem Trend ist die verheerendste aller Kommunikationsbarrieren im Unternehmen entstanden: die Political Correctness (Abk.: PC). Sie kann Unternehmen ruinieren, denn sie ist ein schleichender Tod für die wichtigste Tugend in der Führung: das Vertrauen.

### *Das destruktive Denken hinter PC*

Wie in seiner ursprünglichen politischen Bedeutung ist PC auch in der Führungskommunikation ein ideologischer Code. Führungskräfte, die ihn verwenden, wollen sich letztlich nur absichern – gegen den Vorwurf, sie würden Mitarbeiter benachteiligen oder hegten persönliche Ressentiments. Dahinter steckt jedoch ein tief sitzendes Misstrauen, nämlich der Glaube seitens der Führung, Mitarbeiter könnten keine Verantwortung übernehmen und deshalb mit offenen Worten nicht umgehen. Leider hinterfragen wir unsere Motive oft nicht in dieser Tiefe, denn wir haben einfach gelernt: PC ist der

Normalfall. Das oberflächliche Motiv, auf diese Art zu kommunizieren, ist oft sogar nachvollziehbar: Wir alle wollen „gute Chefs" sein, wollen gemocht und respektiert werden. „Guter Chef" gleich „netter Chef" – diesem Irrtum sitzen viele Führungskräfte auf.

Doch so verständlich es ist, dass wir uns Gedanken über unsere Wirkung machen, letztlich gilt: In einem Unternehmen werden Entscheidungen getroffen. In einem freien Unternehmen nicht nur von der Führung, sondern von allen. Diese Entscheidungen müssen kommuniziert und durchgesetzt werden – auch die unliebsamen. Wenn wir sie zurückstellen, verzögern oder verschleiern, um „nett" zu wirken, unterwandern wir in Wahrheit das Vertrauensverhältnis zwischen den Menschen im Unternehmen.

### Warum PC dem Unternehmen schadet

Führungskräfte schaden ihrer Wahrnehmung als Leader, wenn sie sich verstellen. Kommunikation ist immer ein schmaler Grat. Die Übergänge zwischen Kritik und Verurteilung, Wertschätzung und Heuchelei sind fließend. In einem Unternehmen, in einem Team findet permanente Kommunikation statt, oft unter hohem Druck von innen und von außen. Es ist nur natürlich, dass die Beteiligten dabei auch einmal über die Grenze kippen, sich im Ton vergreifen oder emotional werden. Führungskräfte sind Menschen. Warum sollten die Mitarbeiter damit nicht umgehen können?

Führung ist eine Beziehung, die auf Vertrauen beruht. Und eine stabile Beziehung hält auch Konflikte aus – ja, sie braucht sie sogar! Konfliktfähigkeit ist ein Zeichen eines gesunden Arbeitsklimas.

Meine Erfahrung zeigt: Verantwortungsvolle Mitarbeiter, die sich in einem vertrauensvollen Umfeld bewegen, wollen nicht in Watte gepackt werden. Sie wünschen sich Orientierung. Deshalb darf sich Kommunikation nicht auf verklausulierte PC-Codes beschränken und nicht vor Fehlern haltmachen. Aufrichtige Kommunikation integriert Wertschätzung *und* Kritik – und beides in klaren Worten.

Wenn in einem Unternehmen um den heißen Brei herumgeredet wird, schadet das jedoch nicht nur der Beziehung zwischen Führung und Mitarbeitern. Letztlich sind es die Kunden, die diese Blockaden ausbaden – denn wo es keine offenen Worte gibt, kann es keine unverstellten Lösungen geben. Die Kommunikation dreht sich dann um interne Befindlichkeiten oder egoistische Motive und nicht um die Bedürfnisse des Kunden. So werden Entscheidungen oder Veränderungen aus Gründen der PC verhindert oder verzögert.

**Die Risiken von PC für das Unternehmen:**
- Statt der besten Lösung wird diejenige verabschiedet und umgesetzt, die am wenigsten Konfliktpotenzial beinhaltet – Erfolg und Kundenzufriedenheit stehen auf dem Spiel.
- Fehler werden nicht offen thematisiert und können sich dadurch wiederholen.

- Mitarbeiter, die eine Kultur der Vertuschung vorgelebt bekommen, vertuschen auch ihrerseits unliebsame Informationen vor der Führung.
- Kritik und Wertschätzung werden nicht ernst genommen, wenn der Verdacht der Unaufrichtigkeit besteht.
- Probleme in der Beziehung zwischen Führung und Mitarbeitern kommen nicht zur Sprache und werden verschleppt.
- Das Vertrauen zwischen Führungskräften und Mitarbeitern (einzeln oder kollektiv) nimmt Schaden oder geht ganz verloren.
- Im schlimmsten Fall erstarrt der gesamte Bereich/ das gesamte Unternehmen in Misstrauen, weil jeder seiner eigenen Agenda folgt statt der gemeinsamen Mission.

### PC-Code erkennen

Tückisch ist PC auch deshalb, weil wir daran gewöhnt sind und sie vielleicht gar nicht als Problem wahrnehmen. Viele Führungskräfte – und Mitarbeiter – kennen es gar nicht anders. In der Konsequenz versuchen sie auch nicht, etwas zu ändern; sie halten die unaufrichtige Kommunikation in Codes für normal. Auf diesem vergifteten Nährboden kann kein Vertrauen entstehen. Am besten ist es natürlich, Kommunikationsbarrieren und insbesondere PC von vornherein zu vermeiden. Wenn Sie ein relativ neues Team führen, haben Sie diese Möglichkeit. In schon länger bestehenden Teams ist der Prozess langwieriger und anstrengender, denn Vertrauen lässt sich nicht über Nacht aufbauen. In

beiden Fällen ist der erste Schritt in die Redefreiheit die Erkenntnis, dass mit der Kommunikation etwas nicht stimmt. Die folgenden Beispiele helfen Ihnen, festzustellen, ob Ihr Unternehmen vom „PC-Virus" befallen ist.

| PC vs. offene Kommunikation | |
|---|---|
| **PC-Code** | **Eigentliche Aussage** |
| *Danke für Ihren Input.* | *Damit kann ich nichts anfangen.* |
| *Sie müssen auf die neuralgischen Punkte achten.* | *Sie haben bei mir gerade einen neuralgischen Punkt getroffen.* |
| *Don't hesitate to contact me.* | *Ich hoffe, dass ich damit nicht wieder behelligt werde.* |
| *Da bin ich leidenschaftslos.* | *Ich habe recht, aber mach doch, was du willst.* |
| *Ich will Lösungen hören und keine Probleme!* | *Sie sind ein Jammerlappen, der meine Zeit stiehlt.* |
| *Klären Sie das bitte bilateral.* | *Nehmen Sie mich gefälligst aus dem Cc, ich will damit nichts zu tun haben.* |
| *Ich setze Sie mal in Cc.* | *Ich erwarte, dass Sie sich darum kümmern.* |
| *Keine Sorge, das habe ich auf dem Schirm!* | *Ich habe für so etwas keine Zeit.* |
| *Das skaliert doch nicht.* | *Das ist eine schlechte Idee.* |

### *Die Alternative: Vertrauen kommunizieren*

Formulierungen wie in der obigen Tabelle dienen letztlich dazu, so wenig Verantwortung für die eigenen Worte zu übernehmen wie möglich, also: so wenig zu führen wie möglich. Und wer schon für seine Worte keine Verantwortung übernimmt, übernimmt erst recht keine für seine Entscheidungen und Handlungen. Es gibt nur eine Alternative zur PC: aufrichtige Kommunikation. Führungskräfte, die in ihrem Denken und Handeln frei sind, kommunizieren immer klar in der Sache, respektvoll im Ton. Der entscheidende Einflussfaktor ist auch bei der Kommunikation wieder das große V: Vertrauen. Es ist zugleich die Basis und die Methode erfolgreicher Führungskommunikation. Vertrauen entsteht, wenn Sie als Führungskraft die Verantwortung für den Umgang in Ihrem Team übernehmen und vorleben und die Freiheit zu offenen Worten mit Ihrem gesamten Team teilen.

Bevor wir uns mit der Konflikt- und Fehlerkultur die zwei schwierigsten konkreten Themenfelder der Kommunikation anschauen, etablieren wir deshalb Ihre wichtigste Handlungsoption, die allen Maßnahmen im Detail vorausgeht: Als starker Leader gehen Sie als Vorbild voran, indem Sie Vertrauen vorschießen – und täglich kommunizieren:

- **Sagen Sie „wir" statt „ich"**, wenn Sie über Ziele und Lösungen, aber auch über Probleme sprechen.
- **Verteilen Sie Kritik und Anerkennung situativ**, nicht strategisch oder „nach Nase".

- **Kommunizieren Sie empathisch** – versetzen Sie sich in Ihren Gesprächspartner hinein, hören Sie sich seine Perspektive an und lassen Sie jeden ausreden.
- **Geben Sie ausgewogenes Feedback** anstatt einseitig zu lobhudeln oder zu verurteilen.
- **Delegieren Sie wertschätzend**, indem Sie explizit Verantwortung statt To-dos kommunizieren.

### Offene Kommunikation verleiht Autorität

Wenn Sie diesen Empfehlungen folgen, werden Sie nicht nur das Vertrauen Ihrer Mitarbeiter gewinnen oder zurückgewinnen, sondern auch ein hohes Maß an Autorität. Denn nicht Machtgehabe, Befehlston und Kontrollwahn verleihen einem Leader Autorität, und gespielte Nettigkeit schon gar nicht. Autorität gewinnen Sie, indem Sie Vertrauen vorleben und keine Angst vor offenen Worten in Ihrem Team haben. Vertrauen verschafft Ihnen und Ihren Mitarbeitern die Freiheit, auch mal klare Ansagen zu machen, wenn es erforderlich ist, ohne einen Ansehensverlust oder Repressalien fürchten zu müssen.

*Die Political Correctness ist ein ideologischer Code, der offene Worte in einem Team verhindert. Als Kommunikationsbarriere steht sie Freiheit und Erfolg im Weg. Sie blockiert Lösungen und unterwandert das Vertrauensverhältnis zwischen Führung und Mitarbeitern.*

## 3.2 Probleme und Konflikte ent-tabuisieren

In ihrem Bemühen um die Anerkennung der Mitarbeiter kommunizieren viele Führungskräfte zu defensiv – und ihre Mitarbeiter, geleitet von diesem Vorbild, auch. Die defensive Kommunikation ist insbesondere dann schädlich, wenn sie Probleme unter den Tisch kehrt, um Konflikten aus dem Weg zu gehen. Findet die Führungskraft dann doch einmal klare Worte, wird ihr in einem defensiven Klima der offensive Ton eher als Aggressivität oder Unsicherheit ausgelegt – weil er nicht stimmig ist mit dem Verhalten, das sie sonst an den Tag legt.

Mit einer überzogenen Außenorientierung torpedieren Sie Ihre Glaubwürdigkeit. Damit gehen Sie ein hohes Risiko ein: Wenn Sie nicht glaubwürdig wirken, verlieren Sie Vertrauen. Probleme und Konflikte im Team dürfen kein Tabu in der Kommunikation sein.

### *Offenes Feedback*

Eine Folge der defensiven Kommunikationskultur in der Führung ist die mangelnde Differenzierung beim Feedback. Der Begriff „Feedback" beinhaltet sowohl Wertschätzung als auch Kritik. Da Kritik schwerer in PC-Code vorzubringen ist als Wertschätzung und vermeintlich am Image des „netten Chefs" kratzt, ist Feedback jedoch für viele Führungskräfte gleichbedeutend mit Wertschätzung.

Fraglos ist Wertschätzung sehr wichtig für Mitarbeiter. Selbstbewusste Entscheider brauchen Erfolgserlebnisse und die Anerkennung ihres Vorgesetzten, um den Mut und das Durchsetzungsvermögen für schwierige Entscheidungen aufzubringen. In der Management-Literatur der letzten 20 Jahre hat das Thema Wertschätzung (im Zuge der PC-Kultur) jedoch ein solches Übergewicht erhalten, dass wir glauben, jeden immer wertschätzen zu müssen, auch wenn es dafür gar keinen Anlass gibt. Das führt dazu, dass Führungskräfte unbewusst unaufrichtig kommunizieren: Sie lügen aus Höflichkeit.

Insbesondere in Meetings ist die Wertschätzung jedes Beitrags – egal, wie unsinnig – ein verbreiteter Fehler. Das ist genauso, als würden wir ein Kind für eine 5 in Mathe loben, nur weil es die Arbeit mitgeschrieben hat. Diese Gewohnheit ist einer der Gründe, warum Meetings oft so zeitraubend und so ergebnisarm sind.

Enthält ein Feedback Kritik, wird diese zudem oft weichgespült. Unsinnige Beiträge erst eine Stunde lang zu diskutieren, bevor sie verworfen werden, ist nicht konstruktiv.

Die digitalen Kommunikationsmittel haben den Trend zur unaufrichtigen Kommunikation noch verschärft, denn die digitale Distanz verstärkt die defensiven Kommunikationsmuster beim Feedback noch: ausweichen, beschönigen, verschleiern.

**Geben Sie aufrichtiges Feedback:**

- **Angemessenheit:** Aufrichtiges Feedback beinhaltet sowohl Wertschätzung als auch Kritik – und zwar beides nur da, wo es angebracht ist.
- **Wertschätzung:** Wertschätzung erfüllt ihren Zweck nur, wenn sie einen konkreten Bezug hat, der ebenfalls kommuniziert und begründet wird.
- **Kritik:** Konstruktive Kritik wird auch positiv verstanden. Sie folgt derselben Regel wie jede andere Äußerung: klar in der Sache, respektvoll im Ton.

## Zeitnahe Problemlösung

Neben der Unaufrichtigkeit ist auch die Verzögerungstaktik ein verbreitetes Mittel, um Problemen und Konflikten aus dem Weg zu gehen. Manche unliebsamen Themen sprechen Führungskräfte ungern an. Die Mitarbeiter wiederum lernen von ihnen und halten Probleme ebenfalls zurück. Was dabei leicht in Vergessenheit gerät, sind die Konsequenzen: Unter der Verzögerung leiden nicht nur die Ergebnisse, sondern auch Sie als Führungskraft. Vor allem aber widerspricht die Verzögerungstaktik direkt dem Prinzip der radikalen Kundenorientierung: Wenn es in einem Unternehmen oder einem Team Probleme gibt, badet am Ende immer der Kunde die Folgen aus.

Entscheidungen dürfen nie verzögert werden, weil Sie als Führungskraft Angst vor einem unangenehmen Gespräch oder einem Konflikt haben. Auch Zeitdruck ist nie eine Ausrede, um Probleme zu vertagen. Denn je länger Sie ein Problem unter den Teppich kehren, desto

länger berauben Sie den Mitarbeiter seiner Entwicklungschancen. Das ist weder fair noch nett noch kundenorientiert.

### Regeln für die Problemkommunikation

Folgende Grundregeln helfen Ihnen, Probleme auf eine konstruktive Art anzusprechen und schnell zu lösen:

- **Schnelligkeit:** Sprechen Sie Probleme immer zeitnah an, möglichst unmittelbar, wenn sie auftreten. Ist das nicht möglich (Umfeld, räumliche Distanz, fehlende Aufnahmebereitschaft), arrangieren Sie sofort proaktiv ein Gespräch unter den passenden Bedingungen (s. Augenhöhe).
- **Konstruktivitäts-Pflicht:** Führen Sie Gespräche über Probleme oder Konflikte offen, aber immer lösungsorientiert, nie schuldorientiert. Interessieren Sie sich für die Gründe, aber lassen Sie keine Ausreden gelten. Kritisieren Sie immer auf der Sachebene und lassen Sie persönliche Aspekte außen vor.
- **Augenhöhe:** Sorgen Sie physisch und psychologisch für Augenhöhe in schwierigen Gesprächen. Vermeiden Sie räumliche Distanz: Führen Sie das Gespräch möglichst persönlich, nicht telefonisch oder per Bildschirm. Achten Sie auf ein ruhiges, neutrales Umfeld. Sehen Sie Ihrem Gesprächspartner in die Augen und lassen Sie ihn ausreden. Argumentieren Sie immer sachbezogen, nie hierarchisch.

## *Verbindlichkeit demonstrieren*

Wenn Sie als Führungskraft Angst um Ihr Image bei den Mitarbeitern haben, ist das einer offenen Kommunikation abträglich. Sie bekommen weder Respekt noch Wertschätzung dafür, dass Sie zurückhalten oder verschleiern, was gesagt werden muss. Stattdessen verprellen Sie genau die Mitarbeiter, die für Kritik und Verbesserungen offen sind, indem Sie die abhängig denkenden Komfortzonen-Fans schonen.

Das Vertrauen Ihrer Mitarbeiter verdienen Sie sich durch Verbindlichkeit. Mitarbeiter haben eine komplexe Erwartungshaltung an Sie als Vorgesetzten: Sie wollen sich an Ihnen orientieren können und sie erwarten auch Ihren Schutz. Die Voraussetzung für beides sind klare Regeln, und zwar nicht Maßregeln im Sinne der Kontrolle, sondern ergebnisorientierte Werte.

**Kodex für aufrichtige Kommunikation:**
- **Regeln:** Stellen Sie klare Regeln für die Problemlösungskommunikation, Konflikte und Kritik auf (s. o.) und kommunizieren Sie diese transparent im Team.
- **Verbindlichkeit:** Leben Sie Verbindlichkeit vor, indem Sie sich selbst an diese Regeln halten, und fordern Sie dasselbe von Ihren Mitarbeitern ein.
- **Schutz:** Schützen Sie die Redefreiheit im Rahmen dieser Regeln, indem Sie auch selbst Kritik akzeptieren und offenes Feedback einfordern.

**30** *Aufrichtige Führungskommunikation macht nicht vor Problemen und Konflikten halt. Kommunizieren Sie immer zeitnah, klar und lösungsorientiert.*

# 3.3 Offene Fehlerkultur etablieren

Mehr noch als Sachprobleme oder Konflikte im Team wirkt sich ein defensiver Umgang mit Fehlern nachteilig auf die Ergebnisse aus. Viele Unternehmen haben eine Schweigespirale da, wo eine Fehlerkultur sein sollte, weil statt nach der Ursache nach dem Schuldigen gesucht wird. Das Problem ist auch hier wieder mangelnde Kundenorientierung: Wenn die bestmögliche Lösung für den Kunden im Vordergrund steht, ist es unwichtig, wer in der Ergebniskette einen Fehler gemacht hat. Wichtig ist, warum und wie es dazu kommen konnte.

Der Grund, warum Fehler dennoch ein Tabu sind, ist der Mythos der Unfehlbarkeit in der Führung. Fehler gelten als Zeichen der Schwäche. Dabei ist das Gegenteil der Fall: In der freiheitsorientierten Führung ist ein konstruktiver Umgang mit Fehlern vielmehr eine Stärke. Das Ziel einer offenen Fehlerkultur lautet: eine Lerngrundlage für alle zu schaffen. Denn Fehler verschleiern heißt Fortschritt verhindern.

### Selbstkritik vorleben

Der Glaube an die karrieretötende Wirkung von Fehlern und die Angst ums eigene Image verleiten viele

Führungskräfte dazu, eigene Missgeschicke oder Fehleinschätzungen unter den Teppich zu kehren. Abgesehen von der destruktiven Wirkung auf die Ergebnisse ruinieren sie damit auch einen der wichtigsten Kommunikationsanlässe im Unternehmen: die operativen Fehler, die Schwächen in Prozessen oder Lösungen offenbaren. Die Folge: Der fehlerhafte Prozess oder die untaugliche Lösung wird weiter angewendet. Diese Haltung ist verantwortungslos und eines der schwerwiegendsten Symptome einer abhängigkeitsgesteuerten Führungskultur.

Dass dieser Umgang mit Fehlern dennoch so verbreitet ist und sich so hartnäckig hält, liegt vor allem daran, dass die Schwelle zur Veränderung verhältnismäßig hoch ist: Sie haben als Führungskraft praktisch keine andere Wahl, als ins kalte Wasser zu springen und den Anfang zu machen. Denn solange Sie in Ihrer Vorbildfunktion keine Fehler einräumen, werden Ihre Mitarbeiter es garantiert auch nicht tun. Wenn Sie den Schritt allerdings einmal gegangen sind, wirkt das wie ein Befreiungsschlag. Machen Sie Fehler offensiv zum Thema:

- **Offenbarung:** Gehen Sie persönlich mit Ihrem Vorbild voran und bekennen Sie sich bei einem Teammeeting zu einem Führungsfehler. Machen Sie deutlich, warum Sie den Fehler ansprechen: Verweisen Sie auf die Prinzipien Verantwortung und Vertrauen.
- **Lösungsorientierung:** Sehr wichtig ist, dass Sie Ihren Mitarbeitern Ihre Lösungsorientierung demonstrieren. Erklären Sie umgehend Ihren Lösungsan-

satz, stellen Sie ihn zur Diskussion und kommen Sie anschließend sofort ins Handeln.

- **Hemmschwelle:** Senken Sie die Hemmschwelle, indem Sie Fehler positiv besetzen: Betonen Sie deren Lerneffekt und verurteilen Sie Schuldzuweisungen.
- **Planmäßigkeit:** Schaffen Sie einen konkreten Rahmen, bei dem Fehler routinemäßig thematisiert werden (etwa als Tagesordnungspunkt im regelmäßigen Teammeeting).
- **Incentive:** Beschränken Sie sich nicht auf die Manöverkritik an offengelegten Fehlern, sondern wertschätzen Sie die Offenheit dessen, der den Fehler einbringt.

Wappnen Sie sich: Wo eine Reihe von Fehlern vielleicht schon länger unbemerkt den Fortschritt gehemmt hat, kann es in der Anfangszeit der neuen Fehlerkultur zu einer Vielzahl von „Fehlermeldungen" kommen. Doch der Zugewinn an Produktivität wird die zunächst vielleicht aufwendige Korrektur schnell wettmachen.

Wo Fehler über Jahre oder gar Jahrzehnte tabu waren, dauert es dagegen möglicherweise ein wenig, bis Ihr Team Vertrauen fasst. Wichtig ist immer der Präzedenzfall. Wenn ein Mitarbeiter Ihnen ein Missgeschick lieber im Vertrauen gesteht – ermutigen Sie ihn, den Fehler offen zu thematisieren. Stärken Sie ihm dabei den Rücken, indem Sie den Wert der Erkenntnis hervorheben.

### Fehler oder Fehlverhalten?

Sehr wichtig für eine positive Fehlerkultur ist die Unterscheidung zwischen Fehlern und Fehlverhalten. Sie wird in den wenigsten Unternehmen praktiziert, ist für die Lösung des zugrunde liegenden Problems aber essenziell. Die Faustregel lautet: Fehler haben ihre Ursache in mangelhaften Prozessen/Lösungen, falschen Voraussetzungen oder Unachtsamkeit etwa durch Überlastung. Fehlverhalten rührt, wie der Name schon sagt, von einer destruktiven Haltung her.

**Beispiele für Fehler:**

- *Ein Mitarbeiter übersieht einen Prozessschritt und löst damit Folgefehler aus (Ursache: komplizierter Prozess, ggf. auch Überlastung).*
- *Eine Lösung dauert zu lange und der Kunde muss warten (Ursache: verschlackter Prozess).*
- *Ein falscher Lösungsansatz kommt zur Anwendung und der Prozess muss wiederholt werden (Ursache: unklare Voraussetzungen).*
- *Kompetenzen werden über- oder unterschritten (Ursache: unklare Verantwortungsstruktur).*
- *Probleme bleiben liegen und die Führungskraft muss nachhaken (Ursache: unklare Zuständigkeiten).*

**Beispiele für Fehlverhalten:**

- *Ein Mitarbeiter ignoriert ein Problem in seinem Verantwortungsbereich bewusst (Ursache: mangelnde Motivation/Dienst nach Vorschrift).*

- *Ein Mitarbeiter beruft sich prinzipiell auf die einfachste Lösung, obwohl bessere Alternativen zur Verfügung stehen (Ursache: mangelnde Kundenorientierung).*
- *Ein Mitarbeiter umgeht einen Kollegen oder die Führungskraft trotz eindeutiger Indikation für eine Einbeziehung (Ursache: persönliche Ressentiments).*
- *Ein Mitarbeiter wiederholt permanent denselben Fehler (Ursache: Desinteresse/Ignoranz).*
- *Ein Mitarbeiter verhält sich arrogant gegenüber Kunden oder Kollegen (Ursache: kundenfeindliche Einstellung).*

Wichtig ist die Unterscheidung deshalb, weil ein Fehler eine andere Reaktion von Ihnen verlangt als ein wiederholt auftretendes Fehlverhalten.

**Umgang mit Fehlern und Fehlverhalten:**
- **Fehler** werden offen im Team thematisiert und als Lerngrundlage für alle begrüßt; sie münden stets in einer Lösungsfindung, die sich auf den Prozess auswirkt.
- **Fehlverhalten** kommunizieren Sie im Vertrauen und sanktionieren im Wiederholungsfall. Fehlverhalten ist für die Prozesse irrelevant und deshalb unerwünscht.

*Redefreiheit ist das Aushängeschild eines starken Leaders. Ein offener Umgang zwischen Führung und Mitarbeitern wirkt sich direkt auf Arbeitsklima und Ergebnisse aus. Die radikale Kundenorientierung verbietet inhaltliche Tabus.*

- *Die Political Correctness verhindert unverstellte Lösungen. Kommunizieren Sie nie in Codes, sondern immer in aufrichtigen, klaren Worten.*
- *Probleme und Konflikte dürfen keine Tabus sein und nicht verschleppt werden. Kritisieren und wertschätzen Sie situativ und fordern Sie selbst kritisches Feedback ein.*
- *Etablieren Sie einen positiven Umgang mit Fehlern als Lerngrundlage für alle und unterscheiden Sie konsequent zwischen Fehlern und Fehlverhalten.*

**30 MINUTEN**

# 4. Narrenfreiheit: Freiraum für Innovation schaffen

Innovation wird oft nur auf der Produktebene betrachtet. Doch nicht nur die Ansprüche der Kunden an die Produkte oder Dienstleistungen verändern sich permanent. Auch Unternehmensstrukturen sind radikal im Wandel – und damit die Anforderungen an Führung. Eine dritte Komponente der Innovation sind die Veränderungen der Arbeitswelt, die sich darauf auswirken, wie wir in Zukunft zusammenarbeiten, wenn wir Innovation anschieben und umsetzen.

Alle drei Faktoren gehören zur Innovationsfähigkeit eines Unternehmens und stehen untrennbar miteinander in Verbindung. Innovation heißt also nicht nur, die Produkte und den Markt, sondern auch das Unternehmen und seine Funktionsweise zu verändern. Führung dient allen drei Faktoren – durch Maßnahmen der radikalen Kundenorientierung, durch systemische Veränderungen aus der Haltung der Freiheit heraus und durch innovative Formen der Zusammenarbeit. Alle drei zahlen auf die Zukunftsfähigkeit des Unternehmens ein.

# 4.1 Den Kunden zum einzigen Maßstab machen

Innovation ist das, was besonders erfolgreiche Unternehmen von anderen unterscheidet. Ihr Ziel ist also nicht Annäherung, sondern Abgrenzung. Die meisten Produkte am Markt sind Nachahmungen der Innovationen echter Pioniere. Die erfolgreichsten Unternehmen sind in jeder Branche jedoch diejenigen, die neue Standards etablieren und in einem Atemzug mit bestimmten Produktkategorien oder Dienstleistungen genannt werden. Bestes Beispiel: Google. Die Frage ist: Wie kann Führung dafür sorgen, dass ein Unternehmen den Sprung vom Nachahmer zum Pionier schafft? Indem sie die Haltung und die Prozesse verändert, die der Innovation zugrunde liegen – durch neue Freiheiten an den richtigen Stellen.

### *Relevanz: radikale Kundenorientierung*

Bei konkreten Innovationen auf der Produktebene werden in der Regel zwei Einflussgrößen berücksichtigt: zum einen die Nachfrage, also die Frage: Was verlangt der Markt? Sie wird meist anhand von Konkurrenzbeobachtung beantwortet. Die Frage, welche Innovationen in diesem Sinne notwendig sind, führt jedoch zu Standardantworten. Der Blick auf den Smartphone- oder Automarkt zeigt das Ergebnis: Sowohl Produkte als auch Unternehmen werden sich immer ähnlicher, ja gleicher. So können Unternehmen vielleicht verhindern,

hinterherzuhinken; Trends setzen können sie auf diese Weise jedoch nicht. Das Innovationspotenzial des Unternehmens liegt brach.

Zum anderen wird in den meisten Unternehmen die Frage der Machbarkeit von vornherein in die Innovationsdiskussion einbezogen, also: Was ist mit unseren Mitteln umsetzbar? Unter diesen Voraussetzungen bleiben die möglichen Innovationen immer auf die Begrenzungen des vorhandenen Systems beschränkt – eine weitere künstliche, hausgemachte Innovationsbarriere.

Beide Fragen ignorieren die wichtigste Einflussgröße der Innovation: den Kunden. Doch auch dort, wo nach seinen Bedürfnissen oder Wünschen gefragt wird, ordnen sich die Antworten in der Regel von vornherein den beiden anderen Aspekten unter. Das Ergebnis sind Me-too-Produkte statt echter Innovation.

Die einzige Leitplanke für Kreativität, die wirklich zählt, ist die Relevanz für den Kunden. Deshalb sollten wir bei der Suche nach neuen Ideen und bei ihrer Umsetzung immer nur der einen Relevanzfrage folgen: Was hat der Kunde davon? Alle weiteren Erwägungen bzgl. der Umsetzung richten sich an der Antwort auf diese eine Frage aus. Fragen nach der Machbarkeit sind operative Fragen, keine Relevanzfragen. Sobald nicht nur der Sinn des Produkts, sondern auch der Sinn der Prozesse und der systemischen Schranken zur Disposition steht, herrscht echte Innovationsfreiheit.

### Ideenfindung am Puls des Kunden

Die Frage, was für den Kunden relevant ist, ist naturgemäß von der Branche und von der Kundenstruktur abhängig. Den prototypischen Kunden gibt es nicht (mehr). Vielmehr haben wir es in den meisten Wirtschaftszweigen heute mit sog. „hybriden Kunden" zu tun, deren Bedürfnisse situativ und kontextabhängig stark unterschiedlich, sogar gegensätzlich sein können. Branchenunabhängig kommt es auf der Suche nach Innovationspotenzial zuerst darauf an, unvoreingenommen die Veränderungen der Kundenbedürfnisse unter die Lupe zu nehmen. Einige Fokus-Fragen helfen dabei:

- **Wie lautet der eigentliche Bedarf hinter einem Produkt?** (Beispiel: *Einige Autohersteller haben sich zu „Mobilitätsdienstleistern" gewandelt, weil für mehr und mehr Kunden nicht das Konsumprodukt Auto im Vordergrund steht, sondern die Mobilität an sich.*)
- **Sind die Branchen- oder internen Standards noch zeitgemäß?** (Beispiel: *Manche Grand Hotels verzichten auf die Sterne-Wertung, weil sie sich an veralteten Ausstattungs-Checklisten orientiert statt am konkreten Bedarf zeitgemäßen Reisens.*)
- **Weglassen oder Hinzufügen?** (Beispiel: *Kamera-Hersteller haben sich viele Jahre lang mit immer neuen Leistungsmerkmalen übertrumpft. Inzwischen sind einige Hersteller genau damit erfolgreich, dass sie überflüssigen Schnickschnack weglassen.*)
- **Mit wem konkurrieren wir wirklich?** (Beispiel: *Restaurants konkurrieren im Event-Zeitalter nicht*

nur mit anderen Gastronomie-Betrieben, sondern auch mit Kinos, Konzertsälen und anderen Entertainment-Anbietern.)

- **Welchen gesellschaftlichen Innovationsauftrag können wir glaubwürdig ausfüllen?** (Beispiel: *Elektrizität und fließendes Wasser wurden erstmals in Grand Hotels installiert und haben die moderne Lebensgestaltung nachhaltig verändert.*)

## *Umgang mit Widerständen und Zweifeln*

Wenn eine Innovationsidee den Bruch mit der bisherigen Ausrichtung des Unternehmens oder gar Veränderungen der Prozesse/des Systems mit sich bringt, begegnen Führungskräfte intern oft starkem Gegenwind. Verhinderer gibt es in jedem Unternehmen – auch das ist eine Folge des Abhängigkeitsdenkens. Ein paar Beispiele für die typische Anti-Innovations-Rhetorik:

- *„Das kann man nicht verkaufen.“*
- *„Das haben wir noch nie so gemacht.“*
- *„Keiner unserer Konkurrenten macht so etwas.“*
- *„Das wird sich nicht durchsetzen.“*
- *„Das verstehen die Kunden/Mitarbeiter nicht.“*

In einer abhängigkeitsgesteuerten Führungskultur stehen die Einwände im Vordergrund und die Ideen rücken in den Hintergrund. Doch vieles, das wir heute als selbstverständlich betrachten, galt einmal als unmöglich oder überflüssig (etwa das Flugzeug oder das Auto). Sich über Zweifel hinwegsetzen zu können, ist

deshalb eine Kernkompetenz für Führungskräfte – und auch für jeden Entscheider in Ihrem Team. Etablieren Sie innerhalb Ihres Verantwortungsbereichs eine Konstruktivitäts-Pflicht für Kritiker gemäß dem folgenden Kodex:

**Konstruktivitäts-Kodex für Innovationskritik:**
- Kritik an neuen Ideen muss fundiert aus Kundensicht begründet werden. (Warum geht es nicht?)
- Jeder treffende Einwand dient als Argumentationsbasis für einen Alternativvorschlag.
- Innovationsideen dürfen ausdrücklich auch weit hergeholt sein, Ablehnung muss dagegen streng rational begründet sein.
- Die kundenorientierte Innovation hat grundsätzlich Vorrang vor systembedingten Einwänden.
- Es gibt keine Konsenspflicht für Innovationen; es gilt die Unabhängigkeit des Entscheiders (s. Kap. 1).

*Führung befördert Innovation, wenn sie den Mitarbeitern die Freiheit schafft, radikal kundenorientiert zu denken und zu handeln. Systemische Schranken und fehlende Referenzwerte sind künstliche Barrieren. Innovation braucht den Mut zum Risiko. Den Wert einer Innovation bestimmt der Kunde.*

# 4.2 Mit der Bürokratie brechen

Ein Top-down-System lebt von der Kontrolle, und das Instrument dieser Kontrolle ist die Bürokratie. Bürokratie ist die sichtbare Spitze des Eisbergs der Unfreiheit. Je bürokratischer es in einem Unternehmen zugeht, desto größer ist das Bedürfnis der Führung nach Kontrolle. Deshalb sind besonders hierarchische Unternehmen auch besonders bürokratisch. Der Zweck des überbordenden Kontrollapparats ist natürlich Absicherung: Wenn ein Fehler passiert, will die Führung mit dem Finger auf denjenigen zeigen können, der es „verbrochen" hat.

Neben Vertrauen und Verantwortungsbewusstsein verhindert die Bürokratie auch schnelle Innovation und die zeitnahe Reaktion auf Veränderungen. Spontaneität, Flexibilität und radikale Kundenorientierung passen nicht zu einer Kultur, in der für den Wechsel einer Glühbirne ein Formular ausgefüllt werden muss. Freiheit ins Unternehmen zu bringen heißt deshalb auch: es von der Bürokratie befreien.

## *Umsetzungsorientiert führen*

Die Prozesse in einem Unternehmen sind ein Abbild der Führungskultur, die in diesem Unternehmen herrscht. Wo Mitarbeiter gezwungen sind, sich mit Produktideen oder auch nur Vorschlägen für interne Verbesserungsmaßnahmen durch einen Genehmigungsprozess über mehrere Hierarchiestufen zu hangeln, leidet die Kundenorientierung zwangsläufig.

Freiheit, insbesondere beim risikobehafteten Thema Innovation, zeigt sich auch in der Veränderungsbereitschaft des Systems. Als freidenkende Führungskraft sorgen Sie dafür, dass neue Ideen auch operativ umsetzbar sind, ohne dass die Mitarbeiter dabei über bürokratische Hürden stolpern. Nichts schadet der Innovationskraft mehr als der Papierkrieg beim Versuch, neue Ideen durchzusetzen.

Es gibt mehrere Hebel, um eine bürokratische Verhinderungskultur in eine innovationsfreundliche Umsetzungskultur zu verwandeln.

### Innovationsblockaden identifizieren

Mehrere Faktoren führen dazu, dass Innovationsprozesse unnötig komplex und zeitraubend sind und in halb garen Kompromisslösungen enden:

- **Beteiligte:** Besonders in größeren Unternehmen sind an Innovationsprozessen zahlreiche Abteilungen bzw. deren Vertreter beteiligt, die oft gleiches – oder gar höheres – Mitspracherecht genießen wie die Urheber der fraglichen Idee. Das bedeutet: Menschen, die keine kompetente Entscheidung in der Sache treffen können, reden mit – und entscheiden mit.

- **Ressourcensperren:** Auch wenn eine Abteilung ein festes Budget zur Verfügung hat, muss sie sich für die Verwendung dieses Budgets oft vor anderen Abteilungen oder der Geschäftsführung rechtfertigen. Häufig müssen Entscheider ab einer bestimmten In-

vestitionssumme auch die Genehmigung des CFO oder CEO einholen – obwohl die Summe sich im Rahmen des Abteilungsbudgets bewegt.

- **Nebenkriegsschauplätze:** Je mehr Strecke ein Vorschlag innerhalb der Bürokratie zurücklegt, desto größer ist auch die Gefahr, dass das Ergebnis von äußeren Einflüssen kontaminiert wird. Dabei kann es sich um Kompetenzgerangel handeln oder um Interessenkonflikte, die mit der eigentlichen Idee gar nichts zu tun haben.

### *Das Prinzip Freiwilligkeit*

Der Beteiligungswahn, der diese Faktoren verursacht und begünstigt, ist aus der Konsenskultur geboren, die Alleingänge verhindern soll. Faktisch wird den Entscheidern damit jedoch das Verantwortungsbewusstsein abgesprochen. Es ist eine Sache, wenn ein Entscheider einen Kollegen oder Vorgesetzten freiwillig konsultiert, um sich Rat bei einer Entscheidung einzuholen. Es ist eine andere Sache, wenn er auch dann gezwungen ist, andere einzubeziehen, wenn die Entscheidung für ihn glasklar auf der Hand liegt.

Die Lösung liegt im Prinzip der Freiwilligkeit. Jeder Entscheider braucht die Möglichkeit, Meinungen und Expertisen einzuholen, wenn er mit seinem Wissen und seinen Erfahrungen an seine Grenzen stößt. Grundsätzlich ist es jedoch im Interesse des Unternehmens – und vor allem des Kunden –, dass an jeder Entscheidung so wenige Menschen wie möglich beteiligt sind. Schnellig-

keit ist ein wichtiger Aspekt der Innovation. Das Prinzip der Freiwilligkeit kann den Prozess beschleunigen.

- Ersetzen Sie obligatorische Genehmigungsprozesse durch freiwillige Konsultationsoptionen, wo immer möglich.
- Führen Sie auch für regelmäßige Runden, in denen Ideen und Verbesserungen besprochen werden, das Prinzip der Freiwilligkeit ein: Wer zu den Punkten der Agenda keine Sachkompetenz beitragen kann, muss nicht teilnehmen. So kann auch verhindert werden, dass Führungskräfte an unnötig vielen zeitraubenden Meetings teilnehmen müssen.
- Erleichtern Sie freiwillige Konsultationen, indem Sie feste Zeitfenster der „offenen Tür" bei jedem Verantwortungsträger einrichten, die andere hierarchieübergreifend für unkomplizierte Absprachen nutzen können.

**30** *Innovation lebt von Schnelligkeit und Flexibilität. Überbordende Bürokratie ist der Feind der Innovation. Entscheider sollten möglichst wenige bürokratische Hürden nehmen müssen, aber Zugriff auf möglichst viele umsetzungsrelevante Informationen haben.*

# 4.3 Ein duales System etablieren

In manchen Unternehmen gehören alte Strukturmodelle und allzu starre Hierarchiesysteme bereits der Vergangenheit an. Ein weiteres internes Innovationsfeld liegt in der Art, wie wir miteinander arbeiten. Je innovativer ein Unternehmen auf der Produkt- und Systemebene ist, desto vielfältiger und flexibler ist oft auch die Kooperation zwischen den einzelnen Gruppen und Einzelakteuren innerhalb des Unternehmens gelöst. Innovation nach außen ist eine Folge der Innovation im Inneren.

Die Arbeitswelt der Zukunft beruht auf neuen Modellen der Zusammenarbeit. Sie lösen nicht nur die Freiheitsblockaden in der Unternehmensstruktur auf, sondern fördern auch die Kreativität, die wir brauchen, um zukunftsfähig zu werden und zu bleiben.

### Vorteile des dualen Systems

Ein Modell, das der Innovationsfähigkeit aller Unternehmensebenen dient, ist das sogenannte duale System. Seine Vorteile sind:

- **Zukunftsfähigkeit:** Höhere Innovations- bzw. Erneuerungsfähigkeit ist ein häufiges Anliegen von Unternehmen bzw. Führungskräften, die sich mit der neuen Arbeitswelt und dem permanenten Wandel der Kundenbedürfnisse überfordert fühlen.
- **Kreativität:** Das duale System setzt kreative Potenziale frei, indem es die Relevanzüberlegungen bei

Innovationsprozessen vom Kopf auf die Füße stellt. Es macht nicht vor den Mechanismen des Systems halt, sondern sucht ohne Scheuklappen nach der besten Lösung.

- **Einfachheit:** Das duale System eignet sich für Unternehmen jeder Branche und jeder Größe. Gerade für klassisch aufgestellte Unternehmen, die noch stark von systembedingten Abhängigkeiten geprägt sind, stellt es ein schnell umsetzbares, unkompliziertes Werkzeug der Erneuerung dar.
- **Motivation:** Hinzu kommt, dass die Teilnahme an einem dualen System die Mitarbeiterbindung fördert, denn Mitsprache und Gestaltungsmöglichkeiten sind die stärksten Treiber der Mitarbeitermotivation.

### *Bildung eines dualen Systems*

Ein duales System besteht aus zwei Komponenten: einer Innovations- und einer Steuerungsgruppe, die sich jeweils aus unterschiedlichen Teilnehmern zusammensetzen und unterschiedliche Aufgaben und Fragestellungen verfolgen.

| Innovationsgruppe | Steuerungsgruppe |
|---|---|
| Die Innovationsgruppe besteht aus freiwilligen Vertretern aller relevanten Bereiche und Hierarchieebenen (Führungskräfte und Mitarbeiter). | Die Steuerungsgruppe besteht aus Führungs- und Fachkräften und soll die Entscheidungen der Innovationsgruppe fachlich ermöglichen. |

| | |
|---|---|
| In dieser Gruppe gibt es keine Hierarchien. Jeder ist im Rahmen der gemeinsamen Aufgabe ein gleichwertiger Partner mit gleichem Mitspracherecht. | Die Gruppe ist so zusammengesetzt, dass sie zügig operative Führungsentscheidungen treffen kann. |
| Gemeinsam nehmen die Mitglieder aktuelle Herausforderungen und Probleme unter die Lupe und analysieren sie kontextübergreifend. | Die Aufgabe der Steuerungsgruppe besteht darin, die Umsetzung der Ideen aus der Innovationsgruppe sicherzustellen. |
| Die Innovationsgruppe widmet sich eingehend der Frage nach dem Warum eines Problems oder einer Herausforderung. | Die Innovationsgruppe stellt vor allem die Frage nach dem Wie. |

Die beiden Gruppen ergänzen sich. Während der Innovationsgruppe die Rolle eines kreativen Thinktanks zukommt, sorgt die Steuerungsgruppe für die operative Umsetzung.

Bereits bei der Bildung der Gruppen sind mehrere Aspekte zu beachten, damit das duale System die Aufgabe des Innovationstreibers effektiv erfüllen kann:

1. **Unabhängigkeit:** Beide Gruppen dürfen in ihrer Entscheidungs- und Handlungsfreiheit nicht durch gegenseitige Abhängigkeiten eingeschränkt sein. Es gibt in dieser Gruppe keine Hierarchie; der jüngste

Mitarbeiter hat hier genauso viel Mitspracherecht wie der höchstrangige Vorgesetzte.

2. **Unvoreingenommenheit:** Bei der Bildung der beiden Gruppen gilt das Prinzip der Freiwilligkeit (s. Kap. 4.2). Insbesondere in der Innovationsgruppe sollten kreative Führungskräfte und Mitarbeiter sitzen, die bereit sind, unvoreingenommen neu zu denken, und sich nicht von der hierarchischen Position der übrigen Gruppenmitglieder beeinflussen lassen. Oft sind deshalb gerade junge Mitarbeiter (auch Auszubildende oder Praktikanten) eine wertvolle Bereicherung für die Innovationsgruppe.

3. **Ergebnisoffenheit:** Die Mitglieder verfolgen keine interne Agenda: Die Auswirkungen der Ideen auf das Team oder die Abteilung der Beteiligten sind für den Prozess der Ideenfindung irrelevant. Es gibt keine Tabus, und die Umsetzbarkeit spielt in der Innovationsgruppe keine Rolle.

### *Arbeitsweise und Zielstellung*

Zusammenfassend lässt sich die Zielstellung der beiden Gruppen so charakterisieren:

- **Innovationsgruppe:** kreative Lösungsfindung
- **Steuerungsgruppe:** operative Umsetzung

Die Innovationsgruppe arbeitet kontextübergreifend. Das bedeutet: über Abteilungsgrenzen hinweg, über deren Budgets hinweg und sogar über das Unternehmen hinaus. Sie bezieht jeden möglichen externen Fak-

tor ebenso mit ein wie alle internen Faktoren. Der Fokus liegt immer darauf, wie eine Innovation oder Problemlösung die Kundenerfahrung verbessern kann. In der Innovationsgruppe sitzen deshalb vor allem Mitarbeiter mit starken Kenntnissen der Kundenbedürfnisse, idealerweise mit direktem Kundenkontakt.

Die Steuerungsgruppe dient als Führungsinstrument nicht etwa im Sinne einer Kontrolleinheit, sondern im Sinne einer Exekutive. Ihre Aufgabe besteht gerade nicht darin, die Ideen der Innovationsgruppe zu bewerten und durch Einwände unmöglich zu machen oder einzuschränken, sondern in der bestmöglichen operativen Umsetzung der Ideen. Dafür übersetzt sie die Lösungsansätze in konkrete Maßnahmen und leitet deren Umsetzung ein. Deshalb sitzen in der Steuerungsgruppe Führungskräfte und Fachexperten mit hohen Umsetzungskompetenzen und den nötigen Befugnissen.

### Meetings der beiden Arbeitsgruppen

Die Gruppen eines dualen Systems tagen regelmäßig, und die Teilnehmer der Gruppen werden dafür von ihren operativen Tätigkeiten im Unternehmen freigestellt. Die Häufigkeit der Meetings richtet sich nach dem Innovationsbedarf des Unternehmens bzw. den offenen Problemstellungen. In der Regel reicht ein monatliches Treffen jeder Gruppe aus. Auf zu häufige Treffen sollte verzichtet werden, damit alle Teilnehmer gedanklich frisch bei der Sache sind und die Ideenfindung nicht zur kreativen Zwangsmaßnahme verkommt. Die

beiden Gruppen tagen immer separat voneinander. Das ist wichtig, um dem Grundsatz der Unabhängigkeit und Unvoreingenommenheit Rechnung zu tragen und Ideen nicht durch operative Einwände zu verfälschen.

Die Treffen der Steuerungsgruppe beginnen damit, dass ein Vertreter der Innovationsgruppe die verabschiedeten Ideen vorstellt. Anschließend haben die Teilnehmer der Steuerungsgruppe Gelegenheit, ihm Verständnisfragen zu stellen; eine bewertende „Manöverkritik" findet nicht statt. Nach den Rückfragen zieht sich der Vertreter der Innovationsgruppe zurück und die Steuerungsgruppe bespricht sich geschlossen zur Umsetzung der vorgestellten Ideen. Ebenso präsentiert ein Vertreter der Steuerungsgruppe zu Beginn jedes Meetings der Innovationsgruppe den aktuellen Stand der Umsetzung und erhält darauf Feedback.

### *Aufgaben der beiden Arbeitsgruppen*

Die beiden Gruppen haben unterschiedliche, einander ergänzende Aufgabenfelder:

**Aufgaben der Innovationsgruppe:**
- Analyse aktueller Herausforderungen oder Probleme, die eine kreative Lösung verlangen bzw. Innovationspotenzial beinhalten (z. B.: veränderte Kundenbedürfnisse, Marktlage, Weiterentwicklung des Produktportfolios, Image des Unternehmens, konkrete operative Probleme, Schranken im System, Kundenrückmeldungen)

- Offene Ideenfindung für jede aktuelle Fragestellung (Brainstorming)
- Diskussion der Lösungsvorschläge und Auswahl der favorisierten Idee (ggf. durch Abstimmung)
- Dokumentation des Lösungsvorschlags in einem Protokoll nach folgendem Muster:
  - Problemstellung/Ausgangslage
  - Lösungsvorschlag
  - Zielstellung/gewünschtes Ergebnis
  - Muss-Parameter (bei der Umsetzung unbedingt erforderliche Aspekte)
  - Kann-Parameter (bei der Umsetzung wünschenswerte, aber nicht zwingende Aspekte)
  - Benennung eines Ansprechpartners für Rückfragen seitens der Steuerungsgruppe
- Weitergabe der Ergebnisse des Meetings an die Steuerungsgruppe in Form des Protokolls und Präsentation bei der nächsten Sitzung der Steuerungsgruppe

**Aufgaben der Steuerungsgruppe:**
- Diskussion aller von der Innovationsgruppe eingebrachten Lösungsansätze (ohne Bewertung)
- Aufstellung der notwendigen Maßnahmen zur operativen Umsetzung der Lösungsansätze einschl. Ressourcenplanung und -zuordnung
- Verteilung der daraus resultierenden To-dos auf die Mitglieder der Steuerungsgruppe
- Zeitnahe Umsetzung der To-dos (möglichst bis zum nächsten Meeting; die Steuerungsgruppe ist für die

wichtigen Innovationsfaktoren Schnelligkeit und Flexibilität verantwortlich)

- Bericht jedes Teilnehmers über den Fortschritt bei der Umsetzung der To-dos aus dem letzten Meeting inkl. Konsultation bei Problemen, Feedbackrunde und Diskussion von Folgemaßnahmen
- Dokumentation der erledigten Schritte laufender Umsetzungsprozesse und beschlossener Schritte für neue Umsetzungsprozesse in einem Protokoll
- Weitergabe des Protokolls an die Innovationsgruppe

**30** *Echte Innovation ist nur in einem „barrierefreien" System möglich. Neue Ideen erwachsen aus einem unverstellten Blick für die Bedürfnisse des Kunden. Für die schnelle und flexible Umsetzung sorgen schlanke Prozesse und kreative Formen der Zusammenarbeit.*

- *Der Innovationsbedarf richtet sich immer nach der Relevanz für den Kunden und darf nicht durch interne Widerstände blockiert werden.*
- *Überbordende Bürokratie lässt sich durch die Entfernung von systemischen Barrieren und das Prinzip Freiwilligkeit eindämmen.*
- *Produktiv ist Innovation erst, wenn sie sich direkt auf die Ergebnisebene auswirkt – ein duales System, basierend auf einer Innovations- und einer Steuerungsgruppe, ermöglicht schnelle, kreative Lösungen.*

# 10 Schritte in die Freiheit

1. Fragen Sie sich, welche Art von Leader Sie sein wollen.

2. Entscheiden Sie autonom, aber entscheiden Sie nicht alles selbst.

3. Loyalität entsteht durch Vertrauen, nicht durch Vorgaben.

4. Führen Sie Redefreiheit für alle ein.

5. Erhöhen Sie den Spaßfaktor Ihres Unternehmens.

6. Machen Sie Fehler zur Ressource.

7. Entwickeln Sie Menschen, nicht Stellenbeschreibungen.

8. Passen Sie das System der Mission an, nicht umgekehrt.

9. Widerstehen Sie der „Schwarmdummheit" in der Führung.

10. Erklären Sie den Kunden zum einzigen Maßstab.

# Fast Reader

## 1. Entscheidungsfreiheit: Entscheidungsmacht verteilen

*Als Führungskraft sind Sie im Sinne des Kunden effektiver und effizienter, wenn Sie die von Ihnen verantworteten Entscheidungen autonom treffen können und gleichzeitig Ihre Mitarbeiter ermächtigen, in ihrem Verantwortungsbereich ebenfalls autonom zu entscheiden.*

*Ein Mitarbeiter, der nicht entscheiden kann, kann auch keine Kunden begeistern. Je näher am Kunden Entscheidungen getroffen werden, desto besser. Bei der Umverteilung kommt es darauf an, Ziele transparent zu kommunizieren, Zugang zu Ressourcen zu schaffen und maximale Freiheit innerhalb eines klaren Rahmens zu ermöglichen.*

**30** *Bei der Verteilung der Entscheidungsmacht sind systemische und menschliche Aspekte ausschlaggebend:*

- *Führungskräfte sind im Sinne des Kunden effektiver, wenn sie ihre eigenen Entscheidungen informiert, aber unabhängig treffen und dieselbe Freiheit auch ihren Mitarbeitern einräumen.*
- *Je näher am Kunden Entscheidungen getroffen werden, desto besser. Mitarbeiter brauchen maximale Entscheidungsfreiheit innerhalb eines klaren Verantwortungsrahmens.*
- *Führungskräfte sind Mitarbeitern ein Vorbild in ihrer Rolle als unabhängig denkende Entscheider, zugleich identifizieren sie sich sichtbar mit der gemeinsamen Mission.*

## 2. Handlungsfreiheit: Mitarbeiterführung neu denken

Eine Kultur des Erfolgs beruht auf einer vertrauensvollen Beziehung zwischen Führung und Mitarbeitern. Führung = $V^4$: Vertrauen, Vorbild, Verantwortung und Verpflichtung sind die Säulen der Freiheit in der Mitarbeiterführung.

Die Mitarbeiterführung im Zeichen der Freiheit orientiert sich nicht am *Was* der systemischen Gegebenheiten, sondern am *Wie* einer kundenorientierten Umsetzung. Mitarbeiter brauchen konkrete Handlungsspielräume, um dem Kunden unbürokratische Lösungen anbieten zu können.

**30** *Mitarbeiter zum eigenständigen Handeln zu befähigen verlangt eine Abkehr von der Vorstellung, dass Führung der Erfüllung operativer Notwendigkeiten dient. Vielmehr liegt ihr Augenmerk auf der persönlichen Entwicklung mit dem Ziel der Ermächtigung:*

- *Führung ist Beziehungspflege und beruht auf einer vertrauensvollen Beziehung zwischen Mitarbeitern und Führungskraft.*
- *Führung stärkt die Wie-Kompetenz der Mitarbeiter, indem sie ihnen Gestaltungsspielraum für unbürokratische Lösungen im Sinne des Kunden gibt.*
- *Freiheitsorientierte Führungskräfte unterstützen ihre Mitarbeiter dabei, ihre Stärken einzusetzen und ihre Spielräume selbstbestimmt zu nutzen.*

## 3. Redefreiheit: Offene Kommunikation etablieren

*Die Political Correctness ist ein ideologischer Code, der offene Worte zwischen den Menschen in einem Team verhindert. Als sprachliche Barriere steht sie Freiheit und Erfolg im Weg. Sie blockiert Lösungen und unterwandert das Vertrauensverhältnis zwischen Führung und Mitarbeitern.*

*Aufrichtige Führungskommunikation macht nicht vor Problemen und Konflikten halt. Kommunizieren Sie immer zeitnah, klar und lösungsorientiert.*

**Redefreiheit ist das Aushängeschild eines starken Leaders. Ein offener Umgang zwischen Führung und Mitarbeitern wirkt sich direkt auf Arbeitsklima und Ergebnisse aus. Die radikale Kundenorientierung verbietet inhaltliche Tabus.**

**30**

- **Die Political Correctness verhindert unverstellte Lösungen. Kommunizieren Sie nie in Codes, sondern immer in aufrichtigen, klaren Worten.**
- **Probleme und Konflikte dürfen keine Tabus sein und nicht verschleppt werden. Kritisieren und wertschätzen Sie situativ und fordern Sie selbst kritisches Feedback ein.**
- **Etablieren Sie einen positiven Umgang mit Fehlern als Lerngrundlage für alle und unterscheiden Sie konsequent zwischen Fehlern und Fehlverhalten.**

## 4. Narrenfreiheit: Freiraum für Innovation schaffen

*Führung befördert Innovation, wenn sie den Mitarbeitern die Freiheit schafft, radikal kundenorientiert zu denken und zu handeln. Systemische*

Schranken und fehlende Referenzwerte sind künstliche Barrieren. Innovation braucht den Mut zum Risiko. Den Wert einer Innovation bestimmt der Kunde.

Innovation lebt von Schnelligkeit und Flexibilität. Überbordende Bürokratie ist deshalb der Feind der Innovation. Entscheider sollten möglichst wenige bürokratische Hürden nehmen müssen, aber Zugriff auf möglichst viele umsetzungsrelevante Informationen haben.

**30** *Echte Innovation ist nur in einem „barrierefreien" System ohne Hürden möglich. Neue Ideen erwachsen aus einem unverstellten Blick für die Bedürfnisse des Kunden. Für die schnelle und flexible Umsetzung sorgen schlanke Prozesse und kreative Formen der Zusammenarbeit.*

- *Der Innovationsbedarf richtet sich immer nach der Relevanz für den Kunden und darf nicht durch interne Widerstände blockiert werden.*
- *Überbordende Bürokratie lässt sich durch die Entfernung von systemischen Barrieren und das Prinzip Freiwilligkeit eindämmen.*
- *Produktiv ist Innovation erst, wenn sie sich direkt auf die Ergebnisebene auswirkt – ein duales System, basierend auf einer Innovations- und einer Steuerungsgruppe, ermöglicht schnelle, kreative Lösungen.*

# Der Autor

 Der Entrepreneur **CARSTEN K. RATH** ist Keynote-Speaker und Autor zu den Themen Führung und Service. Rund um den Globus hat er Tausende Mitarbeiter geführt und gibt als viel gefragter Vortragsredner den unterschiedlichsten Unternehmen Impulse für Kundenbegeisterung. Als Managementberater ist er auf Vorstands- und Geschäftsführungsebene international geschätzt und hat das Vertrauen erfolgreicher Unternehmer und Führungskräfte.

*Kontakt:*
*Carsten K. Rath*
*Tel.: +41 76 780 4000*
*E-Mail: keynotespeaker@ckrath.com*
*www.carsten-k-rath.com*

# Weiterführende Literatur

- Collins, J.: Der Weg zu den Besten, Campus Verlag, Frankfurt, 2011

- Drucker, P.: The Effective Executive, Harper Business, New York, 2017

- Dueck, G.: Das Neue und seine Feinde, Campus Verlag, Frankfurt, 2013

- Goleman, D./Boyatzis, R.: Emotionale Führung, Ullstein Verlag, Berlin, 2003

- Hamel, G.: Worauf es jetzt ankommt, Wiley VCH, Weinheim, 2012

- Hübner, S./Rath, C.: Das beste Anderssein ist Bessersein, Redline Wirtschaft, München, 2016

- Hüther, G.: Was wir sind und was wir sein könnten, Fischer Taschenbuch, Frankfurt, 2013

- Peters, T./Waterman, H.: In Search of Excellence, Profile Books, London, 2015

- Rath, C.: Ohne Freiheit ist Führung nur ein F-Wort, GABAL Verlag, Offenbach, 2017

- Sinek, S.: Frag immer erst: Warum, Redline Wirtschaft, München, 2014

- Tisch, J./Weber, K.: The Power of We, John Wiley & Sons, Hoboken, 2004

**30 MINUTEN**